金属风暴

全球**机枪**精选 100

军情视点 编

·北京·

本书精心选取了世界各国研制的100种作战机枪，每种机枪均以简洁精练的文字介绍了研制历史、武器构造及作战性能等方面的知识。为了增强阅读趣味性，并加深读者对机枪的认识，书中不仅配有大量清晰而精美的图片，还增加了详细的数据表格，使读者对机枪有更全面且细致的了解。

本书不仅是广大青少年读者学习军事知识的不二选择，也是军事爱好者收藏的绝佳对象。

图书在版编目（CIP）数据

金属风暴：全球机枪精选100 / 军情视点编. —北京：化学工业出版社，2019.8（2023.1重印）
（全球武器精选系列）
ISBN 978-7-122-34485-4

Ⅰ.①金… Ⅱ.①军… Ⅲ.①机枪 – 介绍 – 世界
Ⅳ.①E922.1

中国版本图书馆CIP数据核字（2019）第089796号

责任编辑：徐　娟　　　　　　　　　　　　装帧设计：汪　华
责任校对：王　静　　　　　　　　　　　　封面设计：刘丽华

出版发行：化学工业出版社（北京市东城区青年湖南街13号　邮政编码100011）
印　　装：北京宝隆世纪印刷有限公司
710mm×1000mm　1/16　印张10½　字数300千字　2023年1月北京第1版第2次印刷

购书咨询：010-64518888　　　　　　　　售后服务：010-64518899
网　　址：http://www.cip.com.cn

定　价：75.80元　　　　　　　　　　　　　　　　　　　版权所有　违者必究

前言

在索姆河战役中，当英法联军攻向德军阵地时，被德军数百挺机枪扫射，英法联军在一天中阵亡了近6万人，举世震惊。马克沁机枪的出现是人类前所未有的灾难。此役之后，马克沁机枪被各国所重视，欧美各国的军队都装备了马克沁机枪及其衍生型。自此机枪就进入了人类的战争，一直到现在。

在现代战争条件下，要求提高机枪的机动性和杀伤、侵彻能力。有些班用轻机枪已减小口径，并与突击步枪组成小口径班用枪族。重机枪在一些国家的机械化部队中已让位于车载机枪，在普通步兵分队中则趋于为通用机枪所取代。大口径机枪的重量已大幅度下降，同时为了提高穿甲性能，配用了次口径高速脱壳穿甲弹等新的弹种。各国还正在研究配用无壳弹以增加携弹量，提高持续作战的能力。普通光学、激光和光电夜视瞄准装置正在不断改进，将进一步提高机枪的精度和全天候作战能力。

本书精心选取了世界各国研制的100种作战机枪，每种机枪均以简洁精练的文字介绍了研制历史、武器构造及作战性能等方面的知识。为了增强阅读趣味性，并加深青少年读者对机枪的认识，书中不仅配有大量清晰而精美的图片，还增加了详细的数据表格，使读者对机枪有更全面且细致的了解。

作为传播军事知识的科普读物，最重要的就是内容的准确性。本书的相关数据资料均来源于国外知名军事媒体和军工企业官方网站等权威途径，坚决杜绝抄袭拼凑和粗制滥造。在确保准确性的同时，我们还着力增加趣味性和观赏性，尽量做到将复杂的理论知识用简明的语言加以说明，并添加了大量精美的图片。因此，本书不仅是广大青少年朋友学习军事知识的不二选择，也是军事爱好者收藏的绝佳对象。

参加本书编写的有丁念阳、黄成、黄萍等。在编写过程中，国内多位军事专家对全书内容进行了严格的筛选和审校，使本书更具专业性和权威性，在此一并表示感谢。

由于时间仓促，加之军事资料来源的局限性，书中难免存在疏漏之处，敬请广大读者批评指正。

编者
2019年3月

目录

第 1 章 • 机枪概述 /001

机枪的发展历程 002
机枪的种类 005
机枪的结构组成 004

第 2 章 • 重机枪 /007

No.1 美国加特林重机枪 008
No.2 美国 GAU19/A 重机枪 010
No.3 美国 M1917 重机枪 012
No.4 美国 M1917A1 重机枪 014
No.5 美国 M1919A4 重机枪 016
No.6 美国 M1919A6 重机枪 018
No.7 美国 M2 重机枪 020
No.8 美国 M61 重机枪 022
No.9 美国 M85 重机枪 024
No.10 美国 M134 重机枪 025
No.11 美国 XM312 重机枪 026
No.12 美国 XM806 重机枪 027
No.13 美国 M2E2 重机枪 028
No.14 美国 EX34 链式机枪 029
No.15 波兰 Ckm wz.30 重机枪 030
No.16 英国马克沁重机枪 031
No.17 英国维克斯重机枪 033
No.18 比利时蒙蒂尼重机枪 034
No.19 比利时 FN BRG15 重机枪 036
No.20 苏联 SG43 重机枪 037
No.21 苏联 / 俄罗斯 Yak-B 重机枪 038
No.22 苏联 / 俄罗斯 DShK/DShKM 重机枪 040
No.23 苏联 / 俄罗斯 ZPU 高射机枪 042
No.24 苏联 / 俄罗斯 NSV 重机枪 044
No.25 俄罗斯 Kord 重机枪 046
No.26 德国 MG131 重机枪 048
No.27 德国施瓦茨劳重机枪 049
No.28 意大利布雷达 37 型重机枪 051
No.29 意大利菲亚特 - 雷维利 35 重机枪 052
No.30 捷克斯洛伐克 ZB37 重机枪 053
No.31 新加坡 CIS 50MG 重机枪 055
No.32 日本九二式重机枪 057
No.33 日本三式重机枪 059

第 3 章 • 轻机枪 /060

No.34 美国斯通纳 63 轻机枪 061
No.35 美国 M249 轻机枪 063
No.36 美国 Mk43 轻机枪 065
No.37 美国 Mk46 轻机枪 067
No.38 美国 Mk48 轻机枪 069
No.39 美国 M1918 轻机枪 071
No.40 美国 M1941 轻机枪 073
No.41 美国阿瑞斯"伯劳鸟"
　　　 轻机枪 074
No.42 美国 M60E3 轻机枪 075
No.43 美国斯通纳 86 轻机枪 076
No.44 美国 LSAT 轻机枪 077
No.45 美国 CMG-1 轻机枪 078
No.46 英国刘易斯轻机枪 079
No.47 英国布伦轻机枪 081
No.48 苏联/俄罗斯 RPD 轻机枪 ...083
No.49 苏联/俄罗斯 DP/DPM
　　　 轻机枪 085
No.50 苏联/俄罗斯 RPK 轻机枪 ...087
No.51 苏联 RPK-74 轻机枪 089
No.52 苏联 RPK-203 轻机枪 090
No.53 德国 MG4 轻机枪 091
No.54 德国 MG13 轻机枪 092
No.55 德国 HK13 轻机枪 094
No.56 法国绍沙轻机枪 095
No.57 法国 FM24 轻机枪 097
No.58 法国 M1909 轻机枪 098

No.59 以色列 Negev 轻机枪 099
No.60 以色列 Dror 轻机枪 101
No.61 日本大正十一式轻机枪 102
No.62 日本九六式轻机枪 104
No.63 日本九九式轻机枪 106
No.64 比利时 FN Minimi 轻机枪 ...108
No.65 捷克斯洛伐克 ZB-26
　　　 轻机枪 110
No.66 意大利布瑞达 Mod.30
　　　 轻机枪 112
No.67 新加坡 Ultimax 100 轻机枪 ...114
No.68 瑞士富雷尔 M25 轻机枪 116
No.69 瑞典 Kg M/40 轻机枪 118
No.70 南斯拉夫 M72 轻机枪 119
No.71 南斯拉夫 M77 轻机枪 120
No.72 芬兰 M26 轻机枪 121
No.73 芬兰 Kk 62 轻机枪 122
No.74 韩国大宇 K3 轻机枪 123
No.75 丹麦麦德森轻机枪 124
No.76 西班牙 CETME 轻机枪 125

第4章 ● 通用机枪 /126

No.77 美国 M60 通用机枪 127
No.78 美国 T24 通用机枪 129
No.79 德国 MG3 通用机枪 130
No.80 德国 MG30 通用机枪 132
No.81 德国 MG34 通用机枪 134
No.82 德国 MG42 通用机枪 136
No.83 德国 MG45 通用机枪 138
No.84 德国 HK21 通用机枪 140
No.85 苏联 / 俄罗斯 PK
　　　通用机枪 141
No.86 俄罗斯 Pecheneg 通用机枪 ...143
No.87 俄罗斯 AEK-999 通用机枪 145
No.88 英国 L7 通用机枪 146
No.89 法国 AAT-52 通用机枪 147
No.90 比利时 M240 通用机枪 149
No.91 比利时 FN MAG 通用机枪 ...150
No.92 捷克斯洛伐克 Vz.59
　　　通用机枪 152
No.93 南非 SS77 通用机枪 153
No.94 波兰 UKM-2000
　　　通用机枪 154
No.95 韩国大宇 K12 通用机枪 155

第5章 ● 航空机枪 /156

No.96 德国 MG15 航空机枪 157
No.97 德国 MG17 航空机枪 158
No.98 德国 MG81 航空机枪 159
No.99 苏联施卡斯航空机枪 160
No.100 苏联 UB 航空机枪 161

参考文献 /162

第 1 章
机枪概述

机枪（Machine gun）是一种主要发射步枪弹或更大口径的子弹，能快速连续射击，以扫射为主要攻击方式，透过绵密弹雨杀伤对方有生力量、无装甲车辆或轻装甲车辆以及飞机、船艇等技术兵器的武器。

•机枪的发展历程

1851年，比利时工程师加特林设计了世界上第一挺机枪，该枪在1870～1871年的普法战争中使用过。美国的加特林机枪则是大规模用于实战的机枪。

1882年，英籍美国人海勒姆·史蒂文斯·马克沁在赴英国考察时发现，士兵射击时常因步枪射击的后坐力，肩膀被撞得瘀青。这个现象表明枪的后坐力能量很大，而这种能量来自于枪弹发射时产生的火药气体，马克沁认为可以对此加以利用。于是马克沁首先在一支老式的温切斯特步枪上进行改装试验，利用射击时子弹喷发的火药气体使枪完成开锁、退壳、送弹、重新闭锁等一系列动作，实现子弹的自动连续射击，并减轻了枪的后坐力。1883年，马克沁首先成功地研制出世界上第一支自动步枪。后来，他根据此步枪上得来的经验，

★ 海勒姆·史蒂文斯·马克沁

进一步发展和完善了枪管短后坐自动射击原理。为了给连续射击的机枪持续供弹，他制作了一条长达6米的帆布弹链。1884年，马克沁制造出世界上第一支能够自动连续射击的机枪，同年取得应用此原理的机枪专利。

最早的机枪都很笨重，仅适用于阵地战和防御作战，在运动作战和进攻时使用很不方便。所以各国军队迫切需要一种能够紧随步兵实施行进间火力支援的轻便机枪。

在马克沁发明重机枪后不久，丹麦炮兵上尉乌·欧·赫·麦德森即开始研制轻机枪。19世纪90年代，麦德森设计制造了一挺可以使用普通步枪子弹的机枪，命名为麦德森轻机枪。该机枪装有两脚架，可抵肩射击，全重不到10千克。麦德森机枪性能十分可靠，口径和结构多变，

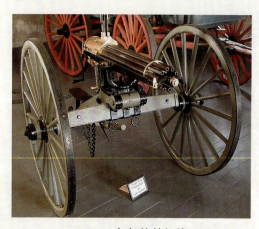

★ 1876年加特林机枪

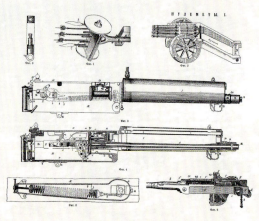

★ 马克沁机枪设计图

可适应不同用户要求，因此成为当时军火市场上的热门货。

1901年，意大利的吉庇比·佩利诺研制出一种性能非常出色的轻机枪，在世界上处于领先地位。意大利当局决定对其严加保密，为了不走漏风声，竟下令不准生产佩利诺机枪，却从国外订购大批性能劣于佩利诺机枪的重机枪装备意大利军队。直到1916年，意大利军队

博物馆中展览的麦德森轻机枪

在第一次世界大战（以下简称一战）中吃到了缺少轻机枪的苦头之后，才匆忙将佩利诺机枪投入生产装备军队。

在一战中，水冷式重机枪显示了很大的威力，所以在1919年美国、英国、法国等战胜国强加给德国的《凡尔赛条约》中明文规定禁止德国研制任何水冷式重机枪。希特勒建立德国纳粹政权的初期，既要重整军备，发展新武器，又要掩人耳目，避免列强的制裁，所以德国在发展轻机枪的幌子下，研制了一种新型的机枪。这种枪改水冷为空气冷却，枪管装卸非常简便，用更换枪管的办法解决因连续射击而发生的枪管过热问题，供弹方式既可用弹链，又可用弹鼓，既可配两脚架，又可装三脚架。它后来改进发展为MG-42通用机枪，并能安装在坦克和装甲车上。MG-42于1942年开始生产，与MG-34通用机枪相比，MG-42造价低廉，火力凶猛，最高射速超过每分钟1000发。在第二次世界大战（以下简称二战）中德国共生产了100万支MG-42。火力凶猛的MG-42通用机枪给盟军造成了巨大的心理恐慌，号称"二战中最好的机枪"。

士兵正在为MG-42通用机枪装子弹

军事历史学家认为，机枪是过去100年间最重要的军事技术之一。两次世界大战以及之后的战争大多残酷无情，除了其他各种因素，机枪的作用同样不容小觑。有了这种武器，每名士兵每分钟可以射出几百发弹头，短短几个回合就能消灭一个排。为了抵挡这种弹幕射击，各国军队不得不研制出坦克之类的重型作战装备。仅这一种武器就对人类发动战争的方式造成了深远影响。

现代战场上随处可见机枪的身影

士兵正在使用机枪进行射击训练

•机枪的结构组成

　　机枪由枪身、枪架和枪座组成。以枪弹火药燃气为动力的机枪自动方式多为导气式，少数为枪管短后坐式或枪机后坐式。枪管壁较厚，热容量大，有的枪管过热时还能迅速更换，适于较长时间的连续射击。闭锁机构一般强度较高，能承受连续射击时的猛烈撞击和振动。供弹方式以弹链供弹为多，也有采用弹匣或弹鼓供弹的。发射机构一般采用连发结构。

　　为了射击活动目标或进行风偏修正，多数机枪还有横表尺。高射机枪装有简易机械瞄准装置或自动向量瞄准具。枪架用于支持枪身，并赋予枪身一定的射角和射向。枪架上有高低机和方向机，有的还装有精瞄机，并有高低、方向射角限制器，可实施固定射、间隙射、超越射、纵深

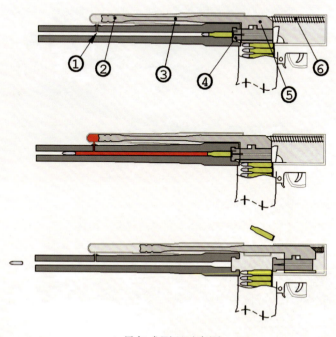

★ 导气式原理示意图

1—气导孔；2—活塞；3—活塞连杆；4—枪机；5—枪机连杆总成；6—覆进簧

或方向散布射。重机枪和高射机枪采用三脚架或轮式枪架，三脚架较轻，适于在不平坦地面上架枪射击；轮式枪架适于在平坦地形上机动作战。车载机枪、航空机枪和舰用机枪一般安装在枪座上。为了提高火力密度，通常采用提高射速或多枪联装的方法。用多管转膛原理的航空机枪，射速可达 6000 发 / 分以上；高射机枪和舰用机枪通常采用双枪或者四枪联装。

● 机枪的种类

机枪按照口径通常分为重机枪、轻机枪、通用机枪、航空机枪。

重机枪

现代重机枪装有重型固定脚架，口径一般达到 12.7 毫米，部分型号为 14.5 毫米，又称大口径机枪。重机枪一般装备到营一级，主要射击 2000 米以内的火力点、薄装甲防护的目标和车辆。可以分解搬运。一般为 2 人制或 3 人制组成机枪小组。改装高射专用脚架后可以射击低空飞行的空中目标称为防空机枪。部分型号为了达到提高连续射击能力，可以改装为两联装、四联装等形式。

勃朗宁 M1917 重机枪

轻机枪

轻机枪的主要目的是为步兵单位提供 500 米内的火力支援，装有两脚架，并可由单兵携带作战。一个步兵班中一般配备一两挺。供弹方式有弹匣、弹鼓或弹链，弹药一般与步兵班中的步枪共通。有些国家将采用重枪管的自动步枪作为轻机枪，例如英国的 L86A1 轻机枪，因其重量较轻，可采用卧射、跪射、立射或挟枪扫射的射击方式。

L86A1 轻机枪上方视角

通用机枪

通用机枪由德国发明，兼备轻机枪的便携性与中型机枪的持续火力。由于采用弹链供弹（部分型号可弹链/弹匣两用），连续射击能力比早期轻机枪为高；部分型号可以迅速更换枪管，以保持连续射击能力。

美军使用的 M240G 通用机枪

航空机枪

航空机枪是装备在飞行器上的口径小于 20 毫米的航空自动射击武器，专门用于航空战斗，经过多年的研究和改进，已经发展成为一个精密的体系。航空机枪的出现充满了传奇的色彩，一战以前，飞机刚刚应用于战争中，其飞行速度较慢，各项性能很差，只能作为高级侦察和指挥工具。随着战争的发展，空中战斗变得激烈起来，飞机性能和飞行员的驾驶经验也在不断丰富，各国研制了适用于飞机作战的航空机枪。从此，航空机枪自立门户，形成了枪械一族。

98 式航空机枪正在被使用

第 2 章
重机枪

重机枪是配有固定枪架，且能长时间连续射击的机枪。重机枪具有较长的火力持续性，能在远距离上有较好的射击精度，所以它具有较大的杀伤力，特别适合用来对付冲锋的敌人。

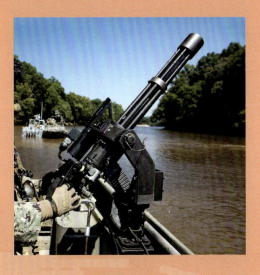

No.1 美国加特林重机枪

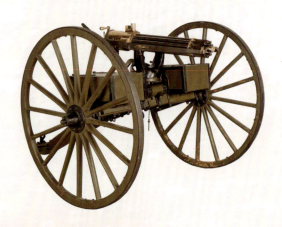

基本参数	
口径	7.62 毫米
枪长	1079 毫米
净重	27.222 千克
有效射程	1200 米
枪口初速度	620 米/秒
射速	200 发/分

加特林重机枪是一种手动型多管旋转机枪，由美国人理查德·乔登·加特林在 1861 年设计。

● 研发历史

1861 年，美国内战打响了，作为医生的加特林看到了许多战场上受伤死亡的士兵，感到万分伤痛，于是在他心中就萌生了一个想法：发明一种枪，依靠凶猛的火力，让一个士兵战斗力顶上一个连，从而减少战场上士兵伤亡的人数。

之后，加特林医生一边在医院救死扶伤，一边思索着新型机枪的计划。1861 年夏天，加特林完成了机枪模型，

现代加特林重机枪正在开火

并于次年进行了验证。1862 年 11 月 4 日，加特林重机枪已经完全成型。1865 年以后，加特林重机枪的枪管由 4 根改为 6 根，1868 年又增加到了 10 根。1870 年，英国政府将加特林重机枪与其他机枪做了对比试验后，认为加特林重机枪比较符合他们的标准，于是便建厂生产加特林重机枪。与此同时，沙俄政府也购买了加特林重机枪，更名为戈洛夫重机枪。

如今加特林重机枪经过了百余年的不断改进，已经成为一款集火力与可靠性于一体的"超级武器"。

● 武器构造

1862 年生产的加特林重机枪使用的是独立钢制弹膛（弹膛与枪管分离），它的尾部封闭并装有撞击火帽。射手通过摇动曲柄带动沿圆周均匀排列的枪管旋转，装满弹药的弹膛从供弹料斗中进入每根枪管后面的闭锁槽中，当枪管转到某个特定位置时，击针将弹药击发。而枪管转动到另一位置时，射击后的弹膛退出枪壳。枪管旋转一周可完成 6 发弹药的装填、击发和退弹，但是存在火药燃气泄漏等缺点。为解决这一难题，加特林使用了当时开发的独立金属弹壳弹药，这种弹药结构被后来机枪的设计者沿用。

加特林重机枪及其子弹

同年，还有一种加特林重机枪使用 14.73 毫米口径的铜质弹壳边缘发火式弹药。为了让独立的弹膛与枪膛同轴，加特林使用了锥形枪膛。枪管后部直径加大，使得弹丸进入枪管更加容易，但在解决装填问题的同时，却产生了由于枪膛直径过大，弹头在飞行过程中翻滚的问题。

● 作战性能

由于加特林机枪是机械式的，最初枪管转动需要由人力转动摇把，后来改进为由电动机来完成。其优点是射速高、威力大，而且枪管可加速冷却；主要缺点是体积、重量大，消耗能量多。史料称，俄土战争中曾有 8 个连的俄军使用加特林机枪，每连 50 挺。1879 年的祖鲁战争中，英国军队借助加特林机枪，主宰了战场上的主动权。

从 1884 年开始，采用管退式、导气式、自由枪机式和半自由枪机式等自动原理的自动武器陆续被发明出来。加特林转管机枪的优势就不复存在，缺点却更加明显，比如过于笨重，步兵携带不便。同时，加特林机枪的口径只有 7.62 毫米，对付装甲逐渐加强的重型装备已经显得比较吃力了。最为重要的是，加特林机枪惊人的弹药消耗量也是步兵所承受不起的，所以到 19 世纪 80～90 年代，由于马克沁机枪的问世，加特林机枪就逐渐被挤出战争的历史舞台。不过加特林机枪的工作原理并没有消失，加特林式机枪仍然在现代的多种型号的机枪上使用。

No.2 美国 GAU19/A 重机枪

基本参数	
口径	12.7 毫米
枪长	1369 毫米
净重	33.6 千克
有效射程	1800 米
枪口初速度	886.94 米/秒
射速	1000～2000 发/分

GECAL 50 被美国军队命名为 GAU19/A，是由美国通用电气公司开发、目前由通用动力公司制造的电力驱动加特林式重机枪。因其重量和大小的关系，所以该枪不能轻易地被随身携带，而是往往安装在直升机、地面战斗车辆和水上船舰上使用。

在设计上，GAU-19/A 可以使用无弹链供弹的弹鼓供弹，还

加装有 GAU19/A 重机枪的 AH-6 直升机

可以安装脱链供弹机以使用标准的 M9 可散式弹链供弹。此外，该枪与 M2 机枪相比，空枪重量没有增加很多，但火力和射速都更强、后坐力更小，并且可以发射反装甲脱壳穿甲弹。

第 2 章　重机枪

GAU-19/A 重机枪前侧方特写

GAU-19/A 重机枪侧面特写

No.3　美国 M1917 重机枪

基本参数	
口径	7.62 毫米
枪长	965 毫米
净重	47 千克
有效射程	900 米
枪口初速度	853.6 米/秒
射速	450 发/分

　　M1917 重机枪是美国枪械设计师勃朗宁研发，1917 年成为美军的制式武器。该枪在一战和二战中都是美军的主力重机枪。

● 研发历史

　　1900 年，著名枪械设计师勃朗宁成功设计了一种枪管短后坐式原理的重机枪，并获得了专利。勃朗宁在此基础上对该枪做出较大改进后，于 1910 年制造出水冷式重机枪的样枪。

★ M1917 重机枪改进型 M1917A1

★ 展览中的 M1917 重机枪

一战爆发后，由于美国从法国购买的 M1915 机枪性能不佳，无法满足美军要求，所以，美国军方希望能够在国内寻找一种更加优秀的机枪来替代它。这时勃朗宁设计的重机枪引起了美国国防部的注意。随后，美国战争部的一个委员会对该枪进行了射击试验。但是在射击试验多达 2 万发枪弹后，依然有人质疑勃朗宁机枪的性能。之后，勃朗宁又拿出一款使用加长单弹链的机枪，并在美国战争部进行了长达 48 分 12 秒的连续射击试验。美军对这款机枪的表现非常满意，随后就与勃朗宁签订了购买合同。

1917 年，该枪被美军作为制式武器，并命名为 M1917 重机枪。在一战结束时，M1917 式机枪生产了 56608 挺。

● 武器构造

M1917 重机枪的瞄准装置为立框式表尺和可横向调整的片状准星。枪管采用水冷方式冷却，在枪管外套上有一个可以容纳 3.3 升水的套筒。该枪体积不算太大，但是算上脚架非常笨重。

一战结束后，M1917 有了重大的改进，去掉枪管上外罩的水筒，将水冷式改为气冷式，净重大幅度减轻，逐步推出了 M1919 系列机枪，其中有 M1919A、M1919A6 等。

展览中的 M1917 重机枪

● 作战性能

M1917 重机枪采用弹带供弹，利用枪机后坐能量带动拨弹机构运动。该枪枪管可以在节套中拧进或拧出，以调整弹底间隙。但由于 M1917 重机枪采用水冷结构，因此在高寒及无水地区不便使用。

★ 枪械爱好者正在使用 M1917 重机枪

★ 士兵正在测试 M1917 重机枪

No.4 美国 M1917A1 重机枪

基本参数	
口径	7.62 毫米
枪长	981 毫米
净重	18.6 千克
有效射程	1000 米
枪口初速度	854 米/秒
射速	450～600 发/分

★ M1917A1 重机枪及其子弹

　　M1917A1 重机枪是 M1917 重机枪的改进版。1910 年，勃朗宁设计出了 M1917 重机枪。该枪采用弹带供弹，利用枪机后坐能量带动拨弹机构运动。1936 年，勃朗宁对 M1917 重机枪进行了改进，并定名为 M1917A1 重机枪。

　　M1917A1 重机枪采用枪管短后坐式工作原理，卡铁起落式闭锁机构。机匣呈长方体结构，内装自动机构组件。射击后，火药气体作用于弹壳底部，推动枪机和枪管一同后坐 8 毫米。随后，机匣中的两个开锁斜面同时下压闭锁卡铁两侧销轴，迫使闭锁卡铁滑出枪机中猛击旋转式加速杆，加速杆上端撞击枪机下面的突出部，在加速枪机后坐的同时，减慢枪管后坐速度。枪机在后坐、复进过程中，完成一系列抛壳、供弹等动作。

M1917A1 重机枪正在开火

第 2 章 重机枪

三脚架上的 M1917A1 重机枪

展览中的 M1917A1 重机枪

No.5 美国 M1919A4 重机枪

基本参数	
口径	7.62 毫米
枪长	1044 毫米
净重	14 千克
有效射程	1000 米
枪口初速度	860 米/秒
射速	400～500 发/分

M1919A4 重机枪是 M1917 的改进版，最主要的改进是枪管冷却系统，由水冷改为气冷。该机枪在二战中后期逐渐取代了大多数 M1917 及其改进型 M1917A1。

● 研发历史

一战期间，美国军械局意识到水冷式重机枪在坦克中占据的空间太大，而且这种重机枪对步兵来说太重。战后，美国军械局计划开发一种气冷式机枪，用于步兵火力支援。最终他们以 M1917A1 水冷式重机枪为基础，研发出了 M1919 系列机枪，M1919A4 就是该系列中的一种。

美军在一战后装备的武器还有勃朗宁自动步枪，即著名的 BAR，它扮演轻机枪的角色，但其弹匣的弹容量仅为 20 发。此外，机枪在连续射击时，产生的高温会很快烧蚀枪管，而 BAR 的枪管不能更换（只能在修械所里更换）。因此，BAR 不能为美军提供足够的持续性火力。

三脚架上的 M1919 重机枪

尽管 M1919A4 的射程和火力持续性都要胜过 BAR，但对于机动作战的队伍来说，它还是显得过于笨重。特别是它转移阵地时至少需要 2～3 人来操作，一人扛机枪，另一人扛三脚架（脚架重 6.35 千克），还有一人携带弹药箱。在战场上，转移阵地过程中只要有一人负伤，枪身、三脚架、弹药三者中可能就有一部分将不能到达目的地。

当时美军还为 M1919A4 重机枪研制了可以同时携带枪身和三脚架的专用携行具，但由于单个士兵本身负重就很大，想要迅速地转移机枪还是很困难。因此，在实战中，M1919A4 重机枪战效能大打折扣。

● 武器构造

M1919A4 重机枪采用枪管短后坐式工作原理，卡铁起落式闭锁机构。该枪机匣呈长方体结构，内装自动机构组件。除此之外，该枪外观上明显的特征是枪管外部有一个散热筒，筒上有散热孔，散热筒前有助退器。

★ 三脚架上的 M1919A4 重机枪

● 作战性能

M1919A4 重机枪的净重为 14 千克，通常安装在轻便、低矮的三脚架上，用于步兵，还使用了固定的车辆支架。它在二战中被广泛使用，安装在吉普车、装甲运兵车、坦克和两栖车辆上。M1919A4 的全枪重量较 M1917 重机枪来说大为减轻，并且它既可作车载武器又可用于步兵携行作战。此外，M1919A4 在二战美国陆军的火力中发挥了关键作用。每个步兵连通常都有一个武器排，该枪的武器在武器排中的存在是为指挥官提供额外的自动火力支援，无论是在攻击中还是在防御上。

★ 枪械爱好者正在使用 M1919A4 重机枪

★ M1919A4 重机枪及其子弹

No.6 美国 M1919A6 重机枪

基本参数

口径	7.62 毫米
枪长	1346 毫米
净重	14.7 千克
有效射程	1000 米
枪口初速度	792～823 米/秒
射速	400～500 发/分

★ 三脚架上的 M1919A6 重机枪

二战期间，随着越来越多的美军部队参战，官兵们需要一种比 M1919A4 重机枪更轻、又有比 M1918A2 步枪更好的持续射击能力的机枪。1940 年，美国陆军开始了轻型机枪的试验和选型工作。1942 年，美国陆军与有关军工厂制订了改进 M1919A4 重机枪的方案。1943 年 2 月 17 日，美军正式将这种改进型武器列入制式装备，命名为 M1919A6 重机枪。

M1919A6 重机枪继承

★ M1919A6 重机枪及士兵

第 2 章 重机枪

了 M1919A4 重机枪的一些优点,两种机枪相比,前者比后者净重要轻,这样增加了机动能力。M1919A6 重机枪在散热筒前增加了两脚架,还增加了鱼尾形的枪托,这样可以兼作轻机枪用。该枪重达 14.7 千克,事实证明它不能完全满足战场上士兵们作战地点不断变化的要求。即便如此,该枪仍生产了 43000 挺。

M1919A6 重机枪靶场射击

展览中的 M1919A6 重机枪

No.7 美国 M2 重机枪

基本参数	
口径	12.7 毫米
枪长	1650 毫米
净重	58 千克
有效射程	1830 米
枪口初速度	930 米/秒
射速	450～550 发/分

M2 重机枪出现在一战时期，是 M1917 的口径放大重制版本，它的出现是为了对抗英军坦克。

●研发历史

1916 年 9 月 15 日，在索姆河会战中，英国的 49 辆坦克像怪物一样地突然出现，步枪子弹根本无法对它们造成伤害，引起了德军士兵极大的恐慌。为了能射穿坦克的装甲，美国军械局求助勃朗宁设计一种能使用 12.7 毫米口径弹药的重机枪。不久，勃朗宁便按照美国军械局的要求设计出了 M2 重机枪。

安装在装甲车上的 M2 重机枪

M2 重机枪于 1923 年被美国军队采用为制式装备，当时部分 M2 重机枪装有水冷散热装置，其他改进了枪管的（使用重型枪管）更名为 M2HB。

枪械爱好者正在使用M2重机枪

M2重机枪正在开火

●武器构造

　　M2重机枪有三种冷却方式，不仅有水冷防空型，还有风冷套筒型和风冷基本型。枪身还增加了一个液压缓冲器，以吸收过大的枪管后坐力，并且液压缓冲器内油的流量可调，射速随着流量可变。该枪扳机安装在机匣尾部并附有两个握把，射手可通过闭锁或开放枪机来调节全自动或半自动发射。M2重机枪用途广泛，为了对应不同配备，它更可在短时间内改为机匣右方供弹而无需专用工具。

M2重机枪需要2～3人来操作

展览中的M2重机枪

●作战性能

　　M2重机枪使用12.7毫米北约口径弹药，并且有高火力、弹道平稳、极远射程的优点，每分钟450～550发（二战时空用版本为每分钟600～1200发）的射速及后坐作用系统令其在全自动发射时十分稳定，射击精准度高。常见用于步兵架设的火力阵地及军用车辆如坦克、装甲运兵车等，主要用途是攻击轻装甲目标，集结有生目标和低空防空。

M2重机枪正在射击

No.8 美国 M61 重机枪

基本参数	
口径	20 毫米
枪长	1827 毫米
净重	112 千克
有效射程	2000 米
枪口初速度	1050 米/秒
射速	6000 发/分

M61 是一种使用外力驱动六支枪管滚动运作、气冷、电子击发的重机枪。目前，美军主要将其安装在飞机、装甲车和舰艇等平台，能在短时间内以最大火力击杀对手。

● 研发历史

二战时期，美军轰炸机和战斗机装备的机枪都是"老掉牙"的勃朗宁系列机枪，此系列机枪中最大射速也只有1200发/分，就连1860年出生的加特林重机枪都比它们强。为了能够提高轰炸机和战斗机的火力，1946年，美军决定重新研发一款射速可达6000发/分的高速机枪。

同年6月，美国通用电气公司承包

位于战机翼底的 M61 重机枪

了这个研发项目，并取名为"火神"计划。1950～1952年，通用电气公司拿出了多款原型机炮给美国军方评估。在经过非常久的测试后，美国军方选择了T171型，并以此继续发展下去。在对T171型机炮经过一段时间的改进后，一款新型的机枪出现了，它就是M61重机枪。

●武器构造

M61重机枪的六根炮管由炮管夹板紧固在一起，并装在炮尾转子的前段。该枪采用外部动力传动，后一发炮弹的发射与前一发炮弹无关，哑弹不会引起停射，传动装置的旋转运动比较平稳，活动机件的冲击振动较小，没有燃气作动部件，活动机件较清洁，不易受磨蚀，每根炮管每转只发射一次，冷却性较好。M61重机枪的驱动系统以液压马达为核心，辅以射击控制设备、流量/阀门控制设备及相关管路。准备射击时，射击控制设备与机上电源接通，进入待击状态。因此，单有一挺M61重机枪在手，是无法开火的。

M61重机枪后侧方特写

●作战性能

M61重机枪的六根枪管在每转一圈的过程中只需轮流击发一次，因此无论是产生的热量还是造成的磨损，都能限制在最低程度内。该机炮可以做到每秒高达100发的高速射击，这让战机驾驶员能在最短时间内，以最大火力击杀对手。

M61重机枪主要用于短程的空对空射击，以弥补在这个范围内因为距离太短、应变时间不足而无法使用导弹等较复杂装备的缺陷。

M61重机枪侧面特写

美国海军正在使用M61重机枪

No.9 美国 M85 重机枪

基本参数

基本参数	
口径	12.7 毫米
枪长	1384.3 毫米
净重	29.48 千克
有效射程	2000 米
枪口初速度	879.96 米/秒
射速	800～950 发/分

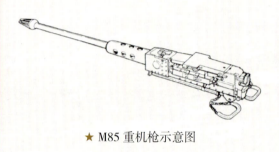

★ M85 重机枪示意图

  M85 重机枪由美国科基斯维尔航空公司研制，最初称为 T175E2 式机枪，由通用电气公司生产。M85 重机枪是一款体积更小、重量更轻、更有能力替代昂贵的 M2 重机枪的产品。除此之外，该枪可用于地面和空中目标的接合，这是 M2 重机枪中所缺乏的一个特征。

  M85 重机枪采用枪管短后坐式工作原理，由于枪机和枪管节套锁在一起，击发后，枪机、枪管一同后坐，待枪管撞击到加速杆，此杆开始回转，撞击枪机框快速后坐，枪机框后坐中又迫使枪机闭锁凸起从枪管节套内的闭锁槽中脱离出来，实现开锁。随后枪机、枪机框共同后坐，实现抽壳、抛壳等一系列自动动作。

  除此之外，M85 重机枪还采用可散弹链，在结构上比 M2HB 式勃朗宁机枪短而轻便，不仅可以手动击发，还可电动击发。

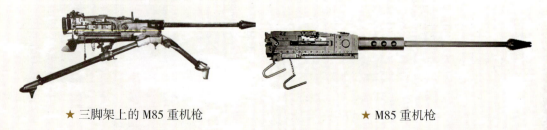

★ 三脚架上的 M85 重机枪　　★ M85 重机枪

No.10 美国 M134 重机枪

基本参数	
口径	7.62 毫米
枪长	800 毫米
净重	15.9 千克
有效射程	1000 米
枪口初速度	869 米/秒
射速	2000～6000 发/分

★ 射击中的 M134 重机枪

　　M134 重机枪于 1963 年研发，并在当年服役，主要装备于武装车辆、舰船以及各型飞机。由于该枪火力威猛、弹速密集，常常被戏称为"迷你炮"。

　　M134 重机枪采用回转联动装置，组件包括六根枪管、枪管夹持部件、枪管套管部件、一台驱动电机、后部枪支架和两个快速释放销等。该枪单支枪管的寿命为 10 万发，整枪寿命达 6 万发。该枪采用的是加特林机枪原理，用电动机带动六根枪管转动，在转动的过程中依次完成输弹入膛、闭锁、击发、退壳、抛壳等系列动作。其电机电源为 24～28 伏直流电，工作电流为 100 安，启动电流为 300 安。

　　虽然该枪已诞生 50 多年，但至今依然在多个国家的军队中服役，其中包括美国、英国、法国、德国、澳大利亚和加拿大等。

士兵正在使用 M134 重机枪

No.11 美国 XM312 重机枪

基本参数	
口径	12.7 毫米
枪长	1346 毫米
净重	19 千克
有效射程	2000 米
枪口初速度	840 米/秒
射速	260 发/分

掩体后方的 XM312 重机枪

　　XM312 重机枪主要用于取代美军现役的 M2 重机枪，于 2000 年开始研制，采用了很多超前技术。该机枪净重比 M2 重机枪轻，长度也从 M2 的 1650 毫米降到 1346 毫米，其有效射程增加到 2000 米，能够为步兵提供长时间、高精度、大威力的火力支援。由于该枪的设计优秀，而且使用了很多高新科技，所以它的后坐力很小，射击精度极高，而且还配置了新型的夜视装置，能够在夜间执行射击任务。

　　虽然 XM312 重机枪的整体性能优秀，但是在一些方面依然有所不足，比如成本。由于该枪采用了非常复杂的降低后坐力系统，所以成本较高，而且这种系统还影响到机枪射速。该枪的射速为 260 发/分，比老式的 M2 重机枪低很多，而美军又是非常注重火力的军队，这也是该枪在短时间内无法服役的主要原因之一。

No.12 美国 XM806 重机枪

基本参数

口径	12.7 毫米
枪长	1562 毫米
净重	18 千克
有效射程	1600 米
枪口初速度	800 米 / 秒
射速	260～265 发 / 分

美国陆军试射 XM806 重机枪

　　XM806 重机枪是由美国通用动力公司研制及生产的重机枪，发射 12.7×99 毫米北约口径步枪子弹。该枪是为了取代美军装备的 M2HB 重机枪为目的而研制的，于 2009 年开始研制，但在 2012 年停止研发。

　　XM806 重机枪是由射速远低于 M2 重机枪而导致试验失败的 XM307 和 XM312 重机枪分离出来的后续计划，所以在外观上与后两者有相似之处，而其结构原理则是 XM312 的简化。例如取消了 XM312 的导气系统，并修改为后坐力枪管后退式作用自动原理。除此之外，该枪还具有比过去试图取代 M2 却失败的 XM312 更高的射速，步兵部队使用时效率更高。尽管如此，XM806 的射速依旧要比 M2 慢得多，所以对付空中目标时极为不利。但是 XM806 改进了用户安全性，并且更易于拆卸。

　　值得一提的是，2009 年，通用动力公司从美国陆军获得一份价值 900 万美元的研究合同，用来研制该武器。原定试验成功就在 2011 年开始试产，并在 2012 财年年底正式开始首先在美国空降部队、山地部队和特种部队等轻步兵单位部署。但由于延误而造成部署计划推迟，最终，XM806 计划在 2012 年 7 月被取消，而这笔资金也被美国陆军拨出用以升级其 M2 重机枪到 M2A1 版本。

No.13 美国 M2E2 重机枪

基本参数	
口径	12.7 毫米
枪长	1650 毫米
净重	38 千克
有效射程	1830 米
枪口初速度	950 米/秒
射速	450～550 发/分

M2E2 重机枪模型图

自 M2 重机枪推出以来，M2（包括其改进型 M2HB）已经在美军服役将近 1 个世纪了。美军曾想用 XM312 重机枪来取代 M2，但是 XM312 推出后反响平平。之后，美国通用动力公司又推出了一款新型重机枪——M2E2 重机枪，他们打算用这款重机枪来取代 M2 重机枪。

2009 年，美国相关部门对 M2E2 重机枪进行了试验，发现 M2E2 重机枪有着良好的安全性和生存能力。另一方面，M2 或者 M2HB 重机枪在更换枪管时需要设定上部空间和时机，这使得士兵在更换枪管时长期暴露在敌方火力之下，而 M2E2 重机枪具有固定的上部空间，使其在战区能够极大地减少准备和备战时间。此外，M2E2 重机枪还减少了枪口焰，使其具备更强的夜视能力。

★ 士兵正在演示如何使用 M2E2 重机枪

No.14 美国 EX34 链式机枪

基本参数	
口径	7.62 毫米
枪长	940 毫米
净重	13.7 千克
有效射程	1500 米
枪口初速度	856 米/秒
射速	570 发/分

EX34 链式机枪也被广泛安装于坦克装甲车辆上

　　EX34 链式机枪由美国麦克唐纳·道格拉斯直升机公司及英国皇家军械公司生产，其口径是链式枪炮系列中最小的，具有结构紧凑、净重轻、可靠性和维修性能好等优点。该枪采用外部能源驱动的链式传动原理，旋转闭锁机构闭锁，弹链供弹，连发发射。该枪更换枪管的速度极快，只需要 10 秒钟，而且更换枪管时弹链不需要移动。

　　该枪设计有自动气冷枪管机构，即在枪管外套一全枪管长度的套筒，喷管系统可使空气向前流过枪管套筒以达到冷却枪管目的，同时还可起到排烟作用。它主要装在装甲车或直升机上作同轴武器使用，由于主要作车载机枪，故采用前方抛壳方式。该枪本身没有瞄准具，需要借助装甲车辆上的瞄准具进行瞄准射击。

EX34 链式机枪模拟图

No.15 波兰 Ckm wz.30 重机枪

基本参数	
口径	7.9 毫米
枪长	1200 毫米
净重	13.6 千克
有效射程	1200 米
枪口初速度	845 米/秒
射速	600 发/分

★ Ckm wz.30 重机枪枪管特写

Ckm wz.30 是波兰以美国勃朗宁 M1917 重机枪为蓝本改进的重机枪，在原有基础上增大了枪管、加大了口径，还采用了可调节的瞄准装置。20 世纪 30 年代中期，第一批 Ckm wz.30 重机枪进行了性能测试，1931 年 3 月，200 架 Ckm wz.30 重机枪送往前线进行进一步测试。该年年底，Ckm wz.30 重机枪正式服役波兰军队。

★ Ckm wz.30 重机枪侧方特写

★ Ckm wz.30 重机枪进行性能测试

第 2 章 重机枪

No.16 英国马克沁重机枪

基本参数	
口径	7.69 毫米
枪长	1080 毫米
净重	27.2 千克
有效射程	2000 米
枪口初速度	740 米/秒
射速	550～600 发/分

马克沁重机枪是由海勒姆·史蒂文斯·马克沁于1883年发明的，并在同年进行了原理性试验，1884年获得专利。

● 研发历史

在马克沁重机枪出现以前，人们使用的枪都是非自动的，每发射一颗子弹后，就要人为地去填装，速度慢一点的士兵，还没装好子弹就已经被敌人射杀了。一场战斗打下来，士兵三分之一的时间都是在填装子弹。而马克沁重机枪在发射子弹的瞬间，枪机和枪管扣合在一起，利用火药气体能量作为动力，通过一套机关打开弹膛，枪机继续后坐将空弹壳退出并抛至枪外，然后带动供弹机构压缩复进簧，在弹簧力的作用下，枪机推弹到位，再次击

装甲车上的马克沁重机枪

发。这样一旦开始射击，机枪就可以一直射击下去，直到子弹带上的子弹打完为止，能够节省很多装弹时间。

●武器构造

马克沁重机枪口径为7.69毫米，枪重27.2千克，采用枪管短后坐式自动方式。此外，为了保证有足够子弹满足快速发射的需要，马克沁重机枪采用了容弹量为333发6.4米长的帆布弹带供弹，帆布弹带受潮后可靠性变差，但在近代战争中曾被广泛使用。弹带端还有锁扣装置，以便可以连接更多子弹带。

马克沁重机枪正在被使用

马克沁重机枪侧面照

●作战性能

马克沁重机枪是一支真正意义上的全自动机枪，它的自动动作是利用火药气体能量完成的。在子弹发射的瞬间，枪机与枪管扣合，共同后坐19毫米后枪管停止，通过肘节机构进行开锁，同时枪机继续后坐，通过加速机构使枪管的部分能量传递给枪机，使其完成抽壳抛壳，从而带动供弹机构，使击发机待击，压缩复进簧，撞击缓冲器，然后在簧力作用下复进，将第二发子弹推入枪膛，闭锁，再次击发。

除此之外，马克沁重机枪也是水冷式机枪，只要冷却水筒中有水，枪管的温度就不会超过100摄氏度。在射击时，枪管两端会漏一些水；所用的冷却水也不是循环的，射击前装满，作战时随时要往冷却水筒中加水。实际射击时，要打上两三个弹带，才会有蒸汽泄出。

★ 马克沁重机枪前侧方特写

★ 展览中的马克沁重机枪

No.17 英国维克斯重机枪

基本参数	
口径	7.7毫米
枪长	1156毫米
净重	22.7千克
有效射程	600米
枪口初速度	744米/秒
射速	450发/分

在两次世界大战间,英国有两件绝不可忽视的武器,它们就是李·恩菲尔德式步枪和维克斯重机枪。许多人觉得二战时英军的武器装备要比其他国家落后,但维克斯机枪的出现驳斥了这一说法。除了体形庞大这一缺陷外,维克斯重机枪的可靠性是所有士兵梦寐以求的。在一次战斗中,该枪平均每小时10000发子弹都不会出现一次卡壳,这对于许多现代机枪恐怕都是可望而不可即的。

该枪采用水冷系统,为了避免在持续射击时枪管过热,维克斯重机枪还配备了可快速更换的枪管,包覆于连接着容量4升的冷凝罐的水桶中。一般来说,维克斯重机枪连续发射约3000发子弹后,水桶中的水就会达到沸点;此后,每发射约1000发子弹,就会蒸发约1升的水。但是如果用一根橡胶管把水桶与冷凝罐连接起来,就可以令水循环使用。

维克斯重机枪由一根布料织成的子弹带供弹,这符合其设计年代的技术条件。由于该枪加工工艺烦琐、部件的精度极高,因此不便于大量生产。在二战前,维克斯重机枪已经是57岁,"年近花甲"了,而直到1968年,英军才正式宣布维克斯机枪"下岗"。

枪械爱好者正在使用维克斯重机枪

No.18 比利时蒙蒂尼重机枪

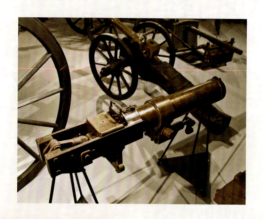

基本参数

口径	11 毫米
枪长	1132 毫米
净重	910 千克
有效射程	380 米
枪口初速度	1132 毫米
射速	200 发 / 分

1851 年，比利时法斯詹普斯上尉发明了一种较为"新潮"的机枪，但并不是很实用，后来一名比利时枪械设计师约瑟夫·蒙蒂尼对该枪进行了改良，并命名为蒙蒂尼重机枪。

蒙蒂尼重机枪的构造有些奇特。该枪有37 根枪管被"裹"在一个圆筒中，子弹装在圆形枪机闭锁块上的 37 个小孔中。枪手把装好子弹的闭锁块放在枪身后端的缺口处，再推动一个杠杆，将闭锁块向前推，完成闭锁，此时子弹正好跟每个枪管对正。然后枪手转动位于后方的一个摇杆，击发装置就将这 37 颗子弹逐一击发。之后，枪手拉动杠杆，闭锁块后滑，枪手将闭锁块取出，将另一个装好子弹的闭锁块放入，开始另一轮射击。

19 世纪 70 年代，法国陆军想与普鲁士打上一仗，可又害怕普鲁士的德雷赛针枪，虽然他们有针对德雷赛针枪的武器，但是产量太少，无法在短时间内让所有的士兵都装备上。于是，法国陆军看上了蒙蒂尼重机枪，将其当作制胜的秘密武器。由于蒙蒂尼重机枪的外形像一门小炮，又装有轮子，所以法军并不是把它们拿来当作步兵支援武

保存至今的蒙蒂尼重机枪

器，反而将其当成炮兵武器使用。可该枪的射程只有不到 400 米，这也是法国在战争中惨败的原因之一。

展览中的蒙蒂尼重机枪

士兵正在准备使用蒙蒂尼重机枪

No.19 比利时 FN BRG15 重机枪

基本参数

口径	15毫米
枪长	2150毫米
净重	60千克
有效射程	2000米
枪口初速度	1055米/秒
射速	600发/分

枪械爱好者正在使用 FN BRG15 重机枪

FN BRG15 重机枪诞生于1980年,不过当时并没有大量生产,直到1989年才开始生产。该枪发射专用的15×115毫米口径枪弹,枪口动能极高,穿甲能力极强。

FN BRG15 重机枪采用传统的导气式工作原理和枪机回转闭锁机构。枪管外部加工有散热用纵向槽,枪口部装有消焰器,枪管可以快速更换,但活塞导杆组件也同枪管一起更换。该枪使用机械瞄准具,前方有柱形准星,无护罩,装在机匣前部;后方有缺口式照门,可调高低和风偏。机匣用冲压钢制成,内部装有缓冲器,因此该枪可以装在多种支架上射击。该枪最突出的特点是可以左、右弹链供弹,枪上有一个选择杆可使射手选择供弹方向。此外,该枪的保险机构有着多种作用:第一,当弹链取出时,机枪将不能射击;第二,假如活动件没后坐到位,枪机框后边的卡笋将限制射击;第三,枪机未完全闭锁时,击针是锁定的。

FN BRG15 重机枪子弹特写

No.20 苏联 SG43 重机枪

基本参数	
口径	7.62 毫米
枪长	1120 毫米
净重	26.6 千克
有效射程	500～1000 米
枪口初速度	800～865 米/秒
射速	500～700 发/分

SG43 重机枪射击测试

20世纪40年代初期，苏联红军还在使用早就过时的马克沁水冷式重机枪，这无法与装备精良的敌军抗衡，于是苏军委托枪械设计师郭留诺夫研发一款"高科技"重机枪。两年后，郭留诺夫不负苏军所望，带来了他的新产品——SG43 重机枪。虽然 SG43 重机枪有结构简单、动作可靠、威力大、精度高等优点，但也存在质量较差、携行不便的弊端。该枪的主要作用是增强捷格加廖夫系列轻机枪的火力，对付低空飞行目标。

SG43 重机枪采用导气式工作原理，闭锁机构为枪机偏转式，机框上的靴形击铁与枪机上的靴形槽相互作用，使枪机偏转，进行闭锁。该枪瞄准装置由圆柱形准星和立框式表尺组成，照门为方形缺口式，上有横表尺，可进行风偏修正。表尺框左边刻度为发射重弹用的分划，右边刻度为发射轻弹用的分划。

展览中的 SG43 重机枪

No.21 苏联/俄罗斯 Yak-B 重机枪

基本参数	
口径	12.7 毫米
枪长	1345 毫米
净重	45 千克
有效射程	1800 米
枪口初速度	810 米/秒
射速	4000～4500 发/分

★ 展览中的 Yak-B 重机枪

20世纪60年代末，苏联米里直升机设计局开始研制米-24"雌鹿"武装直升机。该直升机于1969年首次试飞，1971年设计定型。米里直升机设计局在研制"雌鹿"直升机的同时，还委托KBP仪器设计局为"雌鹿"直升机研制配套的重机枪，也就是Yak-B机枪。1972年，"雌鹿"直升机开始服役，Yak-B机枪也随之登上世界军事舞台。时至今日，俄罗斯军队仍然在使用Yak-B系列机枪。

Yak-B重机枪主要装备在米-8和米-24等武装直升机上。该枪为内能源转管武器，在枪弹未击发前，将首发枪弹送至击发位置。击发的动作不是靠电机带动来完成，而是靠火药弹产生的高压火药燃气，通过首发启动装置来实现的，这是与采用外能源的转管武器不同之处。其首发启动装置中安装有3发火药弹，第1发火药弹是专供首发起动的，第2、第3发是专供排除停射故障用的。如果因为某种原因导致在射击过程中产生瞎火弹或停射之前未储能，可使用第2

发或第 3 发火药弹重新起动机枪进行发射。

按下 Yak-B 重机枪的发射按钮后，第 1 发火药弹点燃，火药燃气通过缓燃腔流经活塞中心通孔，通向增容腔从而推动活塞筒齿条做直线运动，带动齿轮转动，之后，齿轮又带动端面齿盘随之转动，并带动行星齿组体转动。行星齿组体通过机心匣齿轮带动机心匣转动，由于机心匣齿轮同进弹机齿轮啮合，进弹机齿轮又带动拨弹轮开始拨弹，直至首发枪弹被送至击发位置。

Yak-B- 重机枪前方特写

装在米-24"雌鹿"上的 Yak-B 重机枪

No.22 苏联/俄罗斯 DShK/DShKM 重机枪

基本参数	
口径	12.7 毫米
枪长	1625 毫米
净重	191 千克
有效射程	2000 米
枪口初速度	850 米/秒
射速	600 发/分

　　DShK 重机枪是捷格加廖夫于 20 世纪 30 年代设计的，DShKM 重机枪是其改进型号。该枪在二战期间被苏军步兵分队广泛应用于低空防御和步兵火力支援，也在一些重型坦克和小型舰艇上作为防空机枪。

●研发历史

　　1930 年，捷格加廖夫应苏联军方要求设计了一款口径为 12.7 毫米的重机枪——DK 重机枪。1931 年，该枪被苏军正式采用，并在 1933～1935 年期间少量生产。该枪的整个系统基本上是 DP 轻机枪的放大型，只是枪弹威力更大。由于它采用的鼓形弹匣供弹具只能装弹 30 发，而且又大又重，因此战斗射速很低。1938 年，DK 机枪有了些改进，主要是换装了斯帕金设计的转鼓形弹链供弹机构，有效增加了机枪的实际射速。次年 2 月，改进后的 DK 重机枪正式被采用，并重新命名

精装版的 DShKM 重机枪

为 DShK 重机枪。

二战后期，捷格加廖夫对 DShK 重机枪进行了改进，主要是用旋转的弹链式供弹机构代替比较原始的套筒式动作机构。改进后的新机枪在 1946 年正式被采用，并重新命名为 DShKM 重机枪。

● 武器构造

DShK 重机枪采用开膛待击，闭锁机构为枪机偏转式，依靠枪机框上的闭锁斜面，使枪机的机尾下降，完成闭锁动作。自动机系统与 DP-27 轻机枪上的类似，但按比例增大枪机和机匣后板上的机框缓冲器组件。

该枪使用不能快速拆卸的重型枪管，枪管前方有大型制退器和柱形准星，枪管中部有散热环增强冷却能力，枪管后部下方有用于结合活塞套筒的结合槽，上方有框架形立式照门。导气箍上有气体调整器，用于调整作用于活塞上的气体，以保证复进机有适当的后坐速度。

DShKM 重机枪射击测试

DShKM 重机枪与 DShK 重机枪基本相同，主要的变化是供弹机构。DShK 的供弹机构由拨弹滑板、拨弹杠杆和拨弹臂等组成，受弹机盖呈低矮的方形，这是区别 DShKM 与 DShK 的一个明显外观标志。

DShK/DShKM 重机枪采用科列斯尼科夫设计的多用途枪架。该枪架由两个前脚架、一个后脚架和座盘组成，还有一对轮子，便于步兵拖行。后脚架上有一个鞍座，射手可坐在这个鞍座上射击。枪架还配有可拆卸的钢盾。

● 作战性能

二战期间，DShK 重机枪逐渐替换了许多 7.62 毫米马克沁重机枪，在战争中表现十分优秀。从 DShK 重机枪上发射的穿甲弹能够在 500 米距离击穿 15 毫米厚的钢板，不仅可以抗击低飞的敌机，还能有效地对付轻型装甲目标或步兵掩体，所以是一种极好的支援步兵地面战斗的武器，所以 DShK 和 DShKM 重机枪在它们出现的年代是一种非常成功的武器，但美中不足的是该枪太重、太复杂，而且生产成本也偏高，在恶劣环境下的可靠性欠佳。

士兵正在演示如何操作 DShK 重机枪

No.23 苏联/俄罗斯 ZPU 高射机枪

基本参数	
口径	14.5 毫米
枪长	3900 毫米
净重	900 千克
有效射程	2000 米
枪口初速度	810 米/秒
射速	150 发/分（单管）

ZPU 高射机枪是苏联枪械设计师弗拉基米诺夫在 1949 年研制的，于 20 世纪 50 年代初开始装备苏军以及东欧国家军队。

● 研发历史

二战时期苏军的主力高射机枪是 DshK 重机枪。它是一种配有简易高射瞄准具的单管高射机枪，二战初期火力尚且够用，但苏德战争开始后，面对德军强大的军事力量，苏军压力倍增，DshK 重机枪已不能满足苏军的需要。为应对这一现象，苏军开始高度重视防空武器的加强和新一代防空武器的开发。到战争中后期，苏军一线野战部队

ZPU 高射机枪（二枪管）

第 2 章 重机枪

中高射机枪的数量大幅增长，同时新一代高射武器的开发也逐渐展开了。二战末期，KPV 大口径机枪研制成功，该枪的初速、射程、侵透力都十分可观，原本这种机枪是要作为步兵武器，但是因为 14.5 毫米机枪对多数软目标来说威力过剩，机枪自身重量也比较大，所以在二战结束后 KPV 机枪被苏军看中作为新一代的防空武器，装在单管、二联、四联枪架上，而装在四联枪架上的就被称为 ZPU-4 四联高射机枪。

●武器构造

ZPU 高射机枪采用多管联装，枪架装有轮子，便于用汽车牵引。此外，该枪配有光学瞄准镜，极大地提高了其地面部队的有效作战空域，增强了对空作战的能力。

该枪的闭锁方式为机头回转式，闭锁时，机头的断隔螺与枪管上的断隔螺扣合。供弹方式为弹链供弹，属双程进弹、单程输弹。为了提高射速，该枪还装有膛口助退器。

ZPU 高射机枪（四枪管）

该枪采用光学瞄准具，由斜距装定器、斜距修正器、航路航速装定器、平行瞄准器、航路确定器、高射瞄准镜以及平射瞄准镜等组成。此外，在枪身上尚有机械瞄准具，准星为圆柱形，表尺为正切型 U 形表尺。

●作战性能

ZPU 高射机枪的缺点是体积太大，过于笨重，不方便携带，一旦遇到山地、丛林、峡谷等复杂地形时会让士兵们感到乏力。所以，该枪一般情况下是以汽车牵引方式在公路上或在平坦的地形上作战。

ZPU 高射机枪（四枪管）

装甲车上的 ZPU 高射机枪

No.24 苏联/俄罗斯 NSV 重机枪

基本参数	
口径	12.7 毫米
枪长	1560 毫米
净重	25 千克
有效射程	1500～2000 米
枪口初速度	845 米/秒
射速	700～800 发/分

NSV 重机枪于 1971 年推出，用于取代苏联的 DShK 重机枪，1972 年正式装备。由于 NSV 重机枪整体性能卓越，且多处结构有所创新，所以曾被华约成员国广泛用作步兵通用机枪，其地位与勃朗宁 M2 重机枪不相上下。

● **研发历史**

20 世纪 30 年代，苏联军队装备的重机枪大部分是 DShK 重机枪。随着战争形式的日新月异，DShK 重机枪的弊病开始浮现出来，其中之一就是无法适应步兵在转移中射击。为了能够适应战场，苏军对重机枪的要求是轻便、容易操作和可靠性高。1961 年，NSV 重机枪诞生，随后便与 DShK 重机枪进行对比试验，结果 NSV 重机枪在各个方面都胜 DShK 重机枪一筹。

草坪上的 NSV 重机枪

●武器构造

NSV 重机枪的机框与枪机通过 2 个卡铁连接成类似缩放仪的平行四连杆闭锁机构。当机框在火药燃气作用下后退时,2 个卡铁的作用使枪机像缩放仪一样左右平行移动进行开锁,这种方式的优点是可使枪机体缩短。

NSV 重机枪无传统的抛壳挺,弹壳被枪机的抽壳钩钩住,从

NSV 重机枪前侧方特写

枪膛拉出,枪机后坐时利用机匣上的杠杆使弹壳从枪机前面向右滑,偏离下一发弹的轴线。枪机复进时,推下一发弹入膛,复进到位后,枪机左偏而闭锁,弹壳脱离枪机槽,被送入机匣右侧前方的抛壳管,从该管排到枪外。由于机匣侧面或下面无抛壳孔,因此具有火药燃气泄漏少的优点。该枪作为车载机枪使用时,抛壳管排出的火药燃气易被导向车外。

●作战性能

NSV 重机枪全枪大量采用冲压加工与铆接装配工艺,这样既简化了结构,又减轻了全枪质量,生产性能也较好。在恶劣条件下使用时,该枪比 DShK 重机枪的性能更可靠,并可作车载机枪或在阵地上使用。

士兵正在使用 NSV 重机枪

★ 装甲车上的 NSV 重机枪

★ NSV 重机枪后侧方照

No.25 俄罗斯 Kord 重机枪

基本参数	
口径	12.7 毫米
枪长	1625 毫米
净重	27 千克
有效射程	1500～2000 米
枪口初速度	820～860 米/秒
射速	650～750 发/分

　　Kord 重机枪是俄罗斯联邦工业设计局以 NSV 重机枪为蓝本研制的，1998年开始服役，它的设计目的是对付轻型装甲目标和火力点，摧毁在 2000 米范围内的敌方人员。

● **研发历史**

　　20 世纪 80 年代，苏联军队装备的重机枪为 NSV 重机枪。苏联解体后，为了能更好地武装自己的军队，俄罗斯决意打造一款新型重机枪。随后，俄罗斯政府给狄格特亚耶夫工厂下达了命令，要求他们研制出能够发射 12.7 毫米口径步枪子弹，并且可以作为安装在车辆上或具有防空能力的重机枪。最终狄格特亚耶夫工厂推出了 Kord 重机枪。

展览中的 Kord 重机枪

●武器构造

Kord 重机枪的性能、构造和外观都类似于 NSV 重机枪,但内部机构已经被大量重新设计。这些新的设计让该枪的后坐力比 NSV 重机枪小了很多,也让其在持续射击时有更大的射击精准度。

与绝大多数重机枪不同的是,Kord 重机枪新增了构造简单、可以让步兵部队更容易使用的 6T19 轻量两脚架,这样使 Kord 重机枪可以利用两脚架协助射击。这对于 12.7 毫米口径重机枪而言是一个独特的功能。

★ 安装在两脚架上的 Kord 重机枪

●作战性能

Kord 重机枪的设计目的是对付轻型装甲目标。该枪能摧毁地面 2000 米范围内的敌方人员,以及高达 1500 米倾斜范围内的空中目标。

Kord 重机枪及其子弹

No.26 德国 MG131 重机枪

基本参数	
口径	13 毫米
枪长	1170 毫米
净重	16.6 千克
有效射程	1800 米
枪口初速度	750 米/秒
射速	900 发/分

博物馆中的 MG131 重机枪

MG131 重机枪诞生于 1938 年，生产商是德国莱茵金属公司，从某种角度来说，该枪是山寨版的 M2 重机枪。1940～1945 年，该枪在德国被大规模生产并装备军队，主要是安装在 Bf 109 战斗机、Me 410 战斗机和 He 177 轰炸机上作为同轴武器。

展览中的 MG131 重机枪

MG131 重机枪侧面照

No.27 德国施瓦茨劳斯重机枪

基本参数	
口径	7 毫米
枪长	945 毫米
净重	41.4 千克
有效射程	1000 米
枪口初速度	750 米/秒
射速	580 发/分

施瓦茨劳斯机枪1904年问世，1908年服役，参加过一战和二战等多次战争。此型机枪的使用时间长达半个世纪的跨度，而且随着气冷式机枪的问世，该机枪就逐渐远离了人们的视线。施瓦茨劳斯机枪是德国枪械设计师安德里斯·威廉·施瓦茨洛泽的作品，此人毕业于国家军械学院，典型的科班出身。虽然施瓦茨劳斯机枪在今天的名气比较小，在当时使用它的国家可是非常之多，而且很多都是老牌强国。这种机枪被奥匈帝国当作步兵部队的制式武器，此外，德国、俄罗斯、英国、意大利和南斯拉夫等20个国家也装备过。

施瓦茨劳斯重机枪采用布制弹带供弹，结构简单，可靠性较高，而且成本仅是马克沁重机枪的一半左右，因此，一些欧洲国家相继使用施瓦茨劳斯重机枪。荷兰直到1940年还

安装在一战时代的防空配置的车轮上的施瓦茨劳斯重机枪

在生产该枪，而意大利和匈牙利一直将其视为二线武器，服役至1945年。一战后期，该枪进行了一系列改进之后，开始用于作战飞机，从而跃身成为世界上最早的航空机枪之一。

在海拔300米左右的高地，由于受到气压的影响，该枪的射击速度会减缓，甚至完全停止射击。另外，当时的飞机都是螺旋桨式，要想将子弹准确无误地射击出去，必须保证机枪发射的子弹与引擎旋转同步，这一点对于当时的科技来说是难以实现的，因此施瓦茨劳斯重机枪作为航空机枪来使用还存在一些弊病。但即便如此，施瓦茨劳斯重机枪在当时也算是一种不错的防御型航空机枪。

展览中的施瓦茨劳斯重机枪

三脚架上的施瓦茨劳斯重机枪

No.28 意大利布雷达37型重机枪

基本参数	
口径	8毫米
枪长	1279毫米
净重	19.5千克
有效射程	1000米
枪口初速度	730米/秒
射速	450发/分

布雷达37型重机枪及其子弹

布雷达37型重机枪是意大利军方在1937~1945年配备的制式重型机枪，也是意大利军队在二战中使用最多、最得心应手的一种重机枪。二战结束以后，意大利军队在较长一段时间仍继续使用布雷达M37重机枪和8毫米布雷达步枪弹。

布雷达37型重机枪后侧方特写

布雷达37型重机枪在结构方面有一些独特之处，例如，枪弹在上膛前必须先抹润滑油，其目的是为了防止射击后弹壳粘在枪膛上。此外，布雷达机枪还使用金属弹条供弹，机枪从金属弹条取下枪弹、发射并将空弹壳放回弹条，再填装下一颗枪弹。该枪曾在二战以及葡萄牙殖民战争中使用。

No.29 意大利菲亚特-雷维利35重机枪

基本参数

口径	8毫米
枪长	1250毫米
净重	17千克
有效射程	1000米
枪口初速度	810米/秒
射速	450发/分

三脚上的菲亚特-雷维利35重机枪

意大利士兵使用菲亚特-雷维利35重机枪开火

菲亚特-雷维利35重机枪是一个完整的武器系统，由机枪装置、三脚架安装组件和弹药供应组成，因此需要多人操作。1914年，菲亚特-雷维利35重机枪在一战中得到了广泛的应用，可是随着时间的推移，它的缺陷变得越来越明显。此外，8毫米口径的重新安装和采用皮带进给成功地提高了菲亚特-雷维利35重机枪的制动力和射速。

No.30 捷克斯洛伐克 ZB37 重机枪

基本参数	
口径	7.92 毫米
枪长	1095 毫米
净重	18.66 千克
有效射程	1000 米
枪口初速度	850 米/秒
射速	450～700 发/分

ZB37 重机枪于 1936 年由捷克斯洛伐克设计生产，1937 年开始服役。ZB37 为一种气冷式重机枪，其外销型又名 M53 重机枪，ZB37 重机枪在捷克被纳粹德国吞并后也为德军所用。ZB37 重机枪火力猛、火力密度高，在性能方面，比同时期日军装备的九二式重机枪更胜一筹。

● 研发历史

20 世纪 20 年代之前，捷克斯洛伐克所使用的重机枪主要是马克沁水冷式重机枪，但此时该重机枪已经属于落伍的品种，捷克斯洛伐克军方希望为自己的军队装备一种可以快速机动、火力猛、使用简便的新型重机枪。随后，捷克斯洛伐克军方将研发新型重机枪的任务下达给布尔诺国营兵工厂。接到任务的布尔诺国营兵工厂立即召集各大设计师开始研发新型重机枪，最终在 1935 年成

★ 搭在三脚架上的 ZB37 重机枪

展览中的 ZB37 重机枪

功研制出了 ZB35 型气冷重机枪，但该枪在军方测试后发现没有想象的那样完美。随后，布尔诺国营兵工厂在该枪的基础上不断改进，于 1937 年打造出来 ZB37 重机枪。

● 武器构造

ZB37 重机枪采用风冷式枪管，枪管上有散热片（可以快速更换），这和 ZB26 轻机枪一样。该枪的握把兼作拉机手柄，子弹上膛时把握把前推钩住联动杆再向后拉，联动杆到位后子弹上膛可以被击发，若不到位则无法按发射按钮。该枪采用金属弹链供弹，弹链直接由枪机连杆带动，这比其他机枪的进弹系统可靠。

ZB37 重机枪及其弹药箱

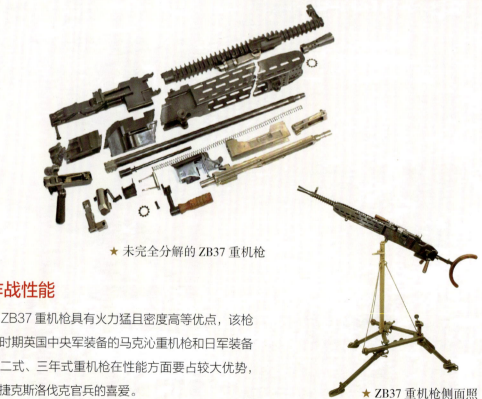

★ 未完全分解的 ZB37 重机枪

● 作战性能

ZB37 重机枪具有火力猛且密度高等优点，该枪比同时期英国中央军装备的马克沁重机枪和日军装备的九二式、三年式重机枪在性能方面要占较大优势，深受捷克斯洛伐克官兵的喜爱。

★ ZB37 重机枪侧面照

第 2 章 重机枪

No.31 新加坡 CIS 50MG 重机枪

基本参数	
口径	12.7 毫米
枪长	1778 毫米
净重	30 千克
有效射程	1200 米
枪口初速度	890 米/秒
射速	400～600 发/分

CIS 50MG 重机枪是 20 世纪 80 年代后期，由新加坡特许工业公司自主研发和生产的气动式操作、弹链供弹式重机枪。

● 研发历史

自 20 世纪 80 年代后期起，M2HB 重机枪已经在新加坡军队使用多年，为了"换个口味"，新加坡国防部要求设计一款全新的重机枪，并要求能够发射与 M2HB 重机枪相同的 12.7 毫米口径步枪子弹。新加坡的枪械设计师们吸取了其他武器的设计，

装甲车上的 CIS 50MG 重机枪

建立适合现代战术理论和生产技术的新型模块化武器。经过两年的开发和测试，新加坡特许工业公司在 1988 年推出了新型 12.7 毫米口径重机枪，命名为 CIS 50MG 重机枪。

●武器构造

CIS 50MG 重机枪装有一根可以快速拆卸的枪管，配备一个与枪管整合了的提把，即使不戴隔热石棉手套也可以在作战或是实战演习时，快速方便地更换过热或损毁的枪管。

该枪有一个独特之处就是它的双向弹链供弹系统。该供弹系统让机枪快速、容易转换发射的枪弹弹种，

展览中的 CIS 50MG 重机枪

例如发射标准圆头实心弹时，可以改为发射另一边的 Raufoss MK 211 高爆燃烧穿甲弹。这种供弹系统在现代化机炮上也常见，例如 M242 "巨蝮式" 机炮和 Mk44 "巨蝮二式" 机炮。

●作战性能

CIS 50MG 重机枪的供弹系统比较特殊，为双路供弹系统，射手能够选择其中一条弹链来供弹，实现不同弹种的切换。不过，这种设计也有个好处：如果对付有生目标，可以采用普通弹，以节省资金。

舰艇上的 CIS 50MG 重机枪

No.32 日本九二式重机枪

基本参数	
口径	7.7毫米
枪长	1156毫米
净重	55.3千克
有效射程	800米
枪口初速度	800米/秒
射速	400～450发/分

★ 黑色涂装的九二式重机枪

士兵双脚踩在九二式重机枪的脚架上

九二式重机枪于1932年开始服役，二战期间曾被日军广泛使用。九二型基本上是三年式重机枪的按比例增加版本，其机芯增加到7.7毫米。与三年式重机枪相比，九二式重机枪增加部分主要集中在枪机与枪管，当时日本陆军并没有改良钢材以承受较高威力子弹的耗损，而是用增厚管壁的方式处理并且增加了散热片；相比于同时代重机枪来说，九二式算得上是超重量级装备。该枪的不同寻常之处是它的铁瞄准具的放置，略微向右倾斜而不是中心。此外，喷枪有一个内部油泵，由螺栓机械启动。油泵将少量油分配到刷子上，然后放入喷枪内对其进行润滑。

三脚架上的九二式重机枪

博物馆中的九二式重机枪

No.33 日本三式重机枪

基本参数	
口径	13.2 毫米
枪长	1500 毫米
净重	28 千克
有效射程	1800 米
枪口初速度	780 米/秒
射速	800 发/分

★ 三式重机枪侧面照

日本三式重机枪是根据美国 M2 重机枪改造而来的，不过该枪使用的不是美式 12.7 毫米口径子弹，而是 13.2 毫米口径法式子弹。三式重机枪和 Ho-103 重机枪是日军非常重要的两款重机枪，但是这两款重机枪使用不同口径的子弹，导致在生产方面不是很方便、迅捷。

另外，三式重机枪被日本海军当作机载重机枪。该枪所采用的机械运动方式也和大多数重机枪一样，即用发射子弹时的后坐力推动枪机后退去完成退壳和子弹重新上膛。

展览中的三式重机枪

第 3 章
轻机枪

轻机枪是相对于重机枪、通用机枪较轻的一种机枪。轻机枪能全自动射击,可提供步枪无法做到的持续压制火力,配有厚重和长的重枪管。轻机枪一般在战场上作为步兵进攻时的伴随支援及阵地防卫武器,能够由单兵携带、射击,是个人能使用的武器中火力较强的一种。

No.34 美国斯通纳 63 轻机枪

基本参数	
口径	5.56 毫米
枪长	1022 毫米
净重	5.3 千克
有效射程	500 米
枪口初速度	1083 米/秒
射速	700~1000 发/分

斯通纳 63 轻机枪由尤金·斯通纳设计,是越南战争中美国"海豹"突击队的主战武器之一。

●研发历史

1960 年,尤金·斯通纳离开阿玛莱特公司,转而加入卡迪拉千克仪表公司,在这里研究一种新型武器。该武器的特点是采用一个通用机匣,通过更换不同的部件可在轻机枪和步枪之间进行转换。由于受到 M16 突击步枪(使用 M193 步枪弹)成功的影响,卡迪拉千克仪表公司决定让这种新型武器也发射 M193 步枪弹,于是斯通纳在 1963 年对新型武器做

斯通纳 63 轻机枪及其弹药

了一些改进,并命名为斯通纳 63 轻机枪。斯通纳 63 轻机枪有多种型号,衍生型包括卡宾枪、突击步枪及弹链可以从左或右供弹的轻机枪。

●武器构造

斯通纳63轻机枪采用开放式枪机设计，配100发弹链及塑料弹匣，机匣右边供弹，左边抛壳，可快速更换式枪管，导气管位于枪管底部。美国海军陆战队在1967年曾经试用该枪。

斯通纳63轻机枪及战术组件

●作战性能

斯通纳63轻机枪的枪管不仅可以快速更换，还能在轻机枪与步枪之间转换。该枪具有良好的可靠性和通用性，即便是在潮湿闷热的越南丛林也可有效地运作。

★ 加装弹鼓的斯通纳63轻机枪

斯通纳63轻机枪射击测试

No.35 美国 M249 轻机枪

基本参数	
口径	5.56 毫米
枪长	1041 毫米
净重	7.5 千克
有效射程	1000 米
枪口初速度	915 米/秒
射速	750～1000 发/分

M249 轻机枪是美国以比利时赫斯塔尔国家兵工厂（简称 FN 公司）的 FN Minimi 轻机枪为基础改进而成的轻机枪。

● 研发历史

20 世纪 60 年代，随着班用武器的小口径化，美军的班用机枪也在向这个方向发展。虽然美军装备有 M16 轻机枪和 M60 通用机枪，但前者的持续射击性不好，后者的净重又过大，于是美军公开招标新型小口径机枪。当时

安装在两脚架上的 M249 轻机枪

有不少的老牌枪械公司来投标，其中包括比利时FN公司。经过各公司的角逐，最终FN公司胜出。于是美军决定采用FN公司的机枪，并命名为XM249轻机枪。随后，美军又对XM249轻机枪做了一些测试，结果都符合他们的要求，于是就将XM249正式作为制式武器，并更名为M249轻机枪。

M249轻机枪上方视角

●武器构造

M249轻机枪在护木下配有可折叠式两脚架，并可以调整长度，也可以换用三脚架。此外，相对FN Minimi轻机枪来说，M249轻机枪的改进包括加装枪管护板，采用新的液压气动后坐缓冲器等。

M249轻机枪实弹射击训练

M249轻机枪侧面照

●作战性能

M249轻机枪在可靠性试验中表现良好，在不同的恶劣气候条件下，M249机枪以不同的射速在5分钟内发射了700发枪弹，全过程无任何技术故障。在选型时进行的试验场试验和部队试验中，FN公司的29支样枪共发射了50余万发枪弹。尽管机匣的寿命定为5万发，但仍有些试验样枪超过这一界限后继续射击，没有出现任何技术故障。

M249轻机枪侧面特写

士兵正在使用M249轻机枪

No.36 美国 Mk43 轻机枪

基本参数

口径	7.62 毫米
枪长	1077 毫米
净重	16 千克
有效射程	1100 米
枪口初速度	853 米/秒
射速	550 发/分

Mk43 轻机枪侧面特写

Mk43 轻机枪正在射击

Mk43 轻机枪是 M60E3 轻机枪的改进版，同样是采用导气式自动方式，枪机回转式闭锁机构，开膛待击，无气体调节器，以自动切断火药燃气流入活塞筒的方式控制作用于活塞的火药燃气量。该枪从工作原理到部件设计上都继承了过去 M60 轻机枪的设计思想，融入了导轨接口系统等"时尚"设计，使其可靠性和使用舒适性进一步提高，用途更加广泛。目前，Mk43 轻机枪已被美国海军采用。

　　Mk43 轻机枪下护手侧面增设了导轨，遮住了枪管侧面，而且内部有铝制隔热层，所以能防止连续射击时灼热枪管烫手。Mk43 轻机枪的前握把为手枪握把形状，装在下护手下方的导轨上，使用比较舒适。该枪供弹凸轮形状有所改进，提高了供弹机构的可靠性，即使泥沙等异物进入仍能正常工作。另外，Mk43 轻机枪的两脚架改为简单的管状结构，不仅有较高的强度，而且生产成本较低。

士兵手中的 Mk43 轻机枪

警戒中的 Mk43 轻机枪

No.37 美国 Mk46 轻机枪

基本参数	
口径	5.56 毫米
枪长	908 毫米
净重	5.75 千克
有效射程	800 米
枪口初速度	915 米/秒
射速	750 发/分

Mk46 轻机枪是 M249 轻机枪的改良型，Mk 即 Mark，由于此枪是海军定型的，因此名称以 Mk 开头。

• **研发历史**

21 世纪初，美国海军特种作战部根据自身需要对 M249 轻机枪进行了改进，改进后的机枪于 2001 年定型，并改名为 Mk46 轻机枪。

Mk46 轻机枪

●武器构造

Mk46轻机枪的大多数内部零件与M249轻机枪相同，不同之处是Mk46轻机枪在枪管上方的隔热罩顶部加了一段MIL-STD-1913导轨。另外，M249轻机枪的提把被取消，背带的后连接点前移。

Mk46轻机枪的枪管上刻有散热槽，既可延长枪管寿命，也可减轻净重，枪管可快速更换。该枪的枪机和枪机框表面进行了化学镀镍处理，可以在不涂润滑油的情况下连续发射1000发子弹。

士兵正在使用Mk46轻机枪

Mk46轻机枪俯卧射击

●作战性能

Mk46轻机枪使用QD消焰器和湿式消声器，可以有效降低作战时机枪产生的过大噪音。该枪取消了气体调节系统，改为一个"整块"式的导气系统。这种设计的优点是射手在拆卸机枪时简单方便，不会丢失零件，擦拭时也不需要进行分解，只从外部擦拭就行了。

Mk46轻机枪上方视角

No.38 美国 Mk48 轻机枪

基本参数	
口径	7.62 毫米
枪长	1009 毫米
净重	8.2 千克
有效射程	800 米
枪口初速度	975.3 米/秒
射速	500～625 发/分

Mk48 轻机枪是 2003 年由 FN 公司生产的。Mk48 轻机枪目前正在多个美国特种部队司令部辖下的部队服役，比如美国海军"海豹"突击队和美国陆军游骑兵部队等。

● 研发历史

进入 20 世纪 90 年代后，美国陆军以 M240B 通用机枪全面取代了 M60 通用机枪，但是美海军特种部队对该机枪的战术性能并不看好，所以于 2001 年提出了新的轻机枪计划。同年 3 月，美国特种作战司令部批准该计划，并于 9 月下旬向 FN 公司提出新机枪的研制要求。随后，FN 公司以 Mk46 轻机枪为原型，将其口径增大到 7.62 毫米，形成了 Mk48 轻机枪。

士兵持 Mk48 轻机枪站立射击

•武器构造

Mk48轻机枪采用自导气式原理。该机枪主要为美国特种部队研制,用户也仅为美国特种作战司令部。为了提高战术性能,在机枪上装有5条战术导轨,能够安装各种枪支战术组件。

Mk48轻机枪的两脚架连接在导气活塞筒上,为内置整体式,并有连接三脚架的配接器。该枪的枪托为固定聚合物枪托,也有一些型号的Mk48轻机枪使用了伞兵型旋转伸缩式管形金属枪托。

Mk48轻机枪及其子弹

未完全分解的Mk48轻机枪

•作战性能

Mk48轻机枪枪机上装有提把,能够在不使用辅助设备的情况下快速更换枪管,这种设计对因长时间射击而变热的机枪枪管来说非常有用,能够增大机枪耐用性。

★ Mk48轻机枪上方视角

士兵持Mk48轻机枪俯卧射击

No.39 美国 M1918 轻机枪

基本参数	
口径	7.62 毫米
枪长	1214 毫米
净重	7.5 千克
有效射程	600 米
枪口初速度	805 米/秒
射速	300～450 发/分

M1918 轻机枪（又称 BAR）是由约翰·勃朗宁在一战期间设计的，不过在一战中使用数量非常少，直到二战才被大量采用。

● **研发历史**

1917 年 4 月 6 日，美国加入一战，随后美军便发现了一个问题，他们的装备除了 M1903 步枪和 M1911 手枪还算优秀之外，其他主要作战装备比起其他国家来说有些"惨不忍睹"。因此，美军急需一种新型"高科技"武器。一开始美军从法国购买 1915 型 CRSG 轻机枪，但不

M1918 轻机枪上方视角

久就发现该枪性能极不可靠，而且火力不足。

后来勃朗宁精心设计了一种性能可靠的轻机枪，并将其推销给美军。1917 年月 1 日，美军军械小组对勃朗宁设计的轻机枪进行测试，发现该枪符合美军的需求，于是就采用了此枪，并命名为 M1918 轻机枪。

● 武器构造

M1918 轻机枪坚固耐用，所有金属部件均经过蓝化工艺处理。该枪机匣用一整块钢加工而成，所以外观上显得粗壮结实。该枪有一个特殊设计，其枪机右侧有一金属"杯"，可将枪托底部插入其中，以便使其能够在"行进间射击"的作战模式下使用。此外，该枪枪机上还设计有子弹带，子弹带上有 4 个口袋，每个口袋中可装入 2 个弹匣，子弹带上的索环可加挂手枪套、水壶和急救包等物品。

★ M1918 轻机枪及配件

加装瞄准镜的 M1918 轻机枪

● 作战性能

M1918 轻机枪构造简单，分解结合方便。该枪可由单兵携行行进间射击，进行突击作战，压制敌方火力，为己方提供火力支援。但该枪的弊端是发射大威力步枪弹，以致后坐力非常大，全自动射击时难于控制射击精准度。

士兵使用 M1918 轻机枪进行丛林射击

No.40 美国 M1941 轻机枪

基本参数	
口径	7.62 毫米
枪长	1100 毫米
净重	5.9 千克
有效射程	650 米
枪口初速度	866 米/秒
射速	900 发/分

美国士兵正在使用 M1941 轻机枪

M1941 轻机枪刚设计出来时是一种采用短程反冲复进机构的军用步枪，经过一系列的改进后才变成了轻机枪。相比当时很流行的 M1918 轻机枪，M1941 轻机枪的优势在于净重轻和分解结合比较容易。不过，M1941 轻机枪有一个缺点，就是在使用一段时间之后，枪管会有一点点扭曲变形的状况。

★ 游戏画面中的 M1941 轻机枪

美军在太平洋战争中装备了 M1941 轻机枪，但在使用中发现，该枪无法适应沙尘和泥水的环境，虽然改良过（改良版为 M1944）但还是没能解决核心问题，于是 1944 年该枪停产。二战结束后，美国有不少的枪械设计都使用了 M1941 轻机枪的设计概念，例如 AR-10 自动步枪和 AR-15 自动步枪。

No.41 美国阿瑞斯"伯劳鸟"轻机枪

基本参数	
口径	5.56 毫米
枪长	711.2～1016 毫米
净重	3.4 千克
有效射程	500 米
枪口初速度	915 米/秒
射速	625～1000 发/分

安装有瞄准镜的"伯劳鸟"轻机枪

"伯劳鸟"轻机枪是由美国阿瑞斯防务系统公司研制生产的。该枪的特点是既能够达到轻机枪的实际射速，又能像突击步枪那样轻盈和紧凑。阿瑞斯防务系统公司的目的就是让"伯劳鸟"轻机枪成为最轻的弹链供弹枪。

后来，阿瑞斯防务系统公司在"伯劳鸟"轻机枪的基础上又研发并推出了EXP-1、EXP-2和阿瑞斯AAR轻机枪等不同的衍生型号。这些衍生型配备了5条MIL-STD-1913战术导轨，这使它们能够安装各种商业型光学瞄准镜、反射式瞄准镜、红点镜、全息瞄准镜、夜视镜、热成像仪和战术灯等。

枪械爱好者正在使用"伯劳鸟"轻机枪

No.42 美国 M60E3 轻机枪

基本参数	
口径	7.62 毫米
枪长	1077 毫米
净重	8.8 千克
有效射程	1100 米
枪口初速度	853 米/秒
射速	650 发/分

三脚架上的 M60E3 轻机枪

M60 通用机枪是美军在越南战场中的制式机枪,因其火力持久而颇受美军士兵喜爱,但它的缺点也很多,包括更换枪管困难、归零困难和净重过大等。为了解决 M60 通用机枪的问题,1980 年,萨科防务公司根据美国海军陆战队对轻机枪的要求,在 M60 通用机枪的基础上研发了一种新型机枪,命名为 M60E3 轻机枪。

M60E3 轻机枪保留了早期 M60 通用机枪的所有功能,并增加了一些新特点,使其发展成为一种净重更轻、用途更广泛的机枪。在枪管方面,M60E3 轻机枪标配枪管是净重轻的突击枪管。此外,还有两种枪管可供选择:一种是净重轻、长度短的枪管,供突击和需要灵活机动的任务使用;还有一种是重枪管,用于需要持续射击的任务。

M60E3 轻机枪实弹射击测试

No.43 美国斯通纳86轻机枪

基本参数	
口径	5.56 毫米
枪长	810 毫米
净重	8.51 千克
有效射程	500 米
枪口初速度	945 米/秒
射速	550～600 发/分

★ 安装在两脚架上的斯通纳63轻机枪

斯通纳63轻机枪诞生后，阿雷斯公司于1980年又推出了其改进版——斯通纳86轻机枪。该枪简化了斯通纳63轻机枪的一些设计，在某些结构上还吸取了M60、M249通用机枪和M16突击步枪的优点。虽然说该枪保留了模块化的部分，但只能在弹链供弹和弹匣供弹两种模式间转换，不能变成突击步枪或其他的型号。

斯通纳86轻机枪采用长行程导气活塞式工作原理，枪机回转式闭锁机构。标准斯通纳86轻机枪枪机框由不锈钢和碳钢制成，其他部分由高强度铝合金制成，所有部件具有耐磨和防腐性能。该枪前端有带护罩的柱形准星，后端有带觇孔式照门的表尺。准星可做上下调整，照门有两个位置，一个用于近距离（300米内）射击，另一个用于远距离（1000米内）射击。

枪械爱好者正在使用斯通纳63轻机枪

No.44 美国 LSAT 轻机枪

基本参数	
口径	5.56 毫米
枪长	917 毫米
净重	4.5 千克
有效射程	1000 米
枪口初速度	920 米/秒
射速	650 发/分

★ 安装瞄准镜的 LSAT 轻机枪

由 LSAT 计划（轻量化轻兵器技术计划）研发的 LSAT 轻机枪是一种强大的轻型机枪，该计划的目的是开发一种更轻，但非常可靠的轻型机枪。LSAT 轻机枪的重量较轻，后坐力小。大多数人认为 LSAT 比 M249 轻机枪具有更好的准确性。该枪的设计定位是传统布局的机枪，具有一些有助于其用作轻机枪的特征，例如快速更换枪管，通气前握把，皮带进给机构，以及大约 650 发/分的射速。

除此之外，该枪的简单机制更可靠，更易于维护。当然，该武器还能够接受其他电子设备，腔室和枪管中使用的改进材料减少了武器的热负荷；武器成本相当于现有的 M249 轻机枪。

士兵正在使用 LSAT 轻机枪进行射击

No.45 美国 CMG-1 轻机枪

基本参数	
口径	5.56 毫米
枪长	1065 毫米
净重	5.3 千克
有效射程	800 米
枪口初速度	884 米/秒
射速	650 发/分

1963 年 8 月，尤金·斯通纳将斯通纳 63 轻机枪交给美国海军陆战队进行试验，士兵以及军官对该枪非常满意。柯尔特公司担心美军会采购这种轻机枪作为班用机枪，于是急匆匆地设计了一种 5.56 毫米口径的链式供弹机枪，命名为 CMG-1 轻机枪。

CMG-1 共有 4 种型号：两脚架型、三脚架型、车载型和固定型。两脚架型就是轻机枪，重 5.3 千克，只有这个型号安装有枪托；三脚架型重 5.7 千克，作为通用机枪使用；车载型顾名思义就是安装在车辆上作为火力支援武器；而固定型则通过一个电动扳机装置遥控，安装在直升机或其他航空器上使用。

由于研制得太匆忙，试验时发现问题较多，所以 CMG-1 轻机枪的推销并不成功，一共只制造了 3 挺样枪。后来柯尔特公司还研制了一种没有枪托的短枪管型

展览中的 CMG-1 轻机枪

CMG-2 轻机枪，被美国海军命名为 EX27 MOD 0 进行试用。但是急于求成的柯尔特公司还是失败了，美国海军最终还是选择了斯通纳 63 轻机枪。

No.46 英国刘易斯轻机枪

第 3 章 轻机枪

基本参数	
口径	7.7 毫米
枪长	1280 毫米
净重	11.5 千克
有效射程	800 米
枪口初速度	745 米/秒
射速	550～750 发/分

刘易斯轻机枪最初由塞缪尔·麦肯林设计，后来由美国陆军上校艾萨克·牛顿·刘易斯完成研发工作。刘易斯轻机枪的性能和实用性都非常优秀，曾经广泛装备英联邦国家。该枪历经了一战和二战的洗礼，可谓是名副其实的老枪。

●研发历史

20 世纪初期，刘易斯研发了一种轻机枪，并向美国军方推销，但被美国军方拒绝采用。沮丧的刘易斯只好带着自己的新设计来到比利时，在一家兵工厂工作。一年后，一战爆发了，比利时兵工厂的员工们纷纷逃亡英国，同时还带走了大量的武器设计方案和设备。逃亡到英国的比利时武器专家开始关注刘易斯设计的轻机枪，并且在英国的伯明翰轻武器公司的工厂里生产刘易斯轻机枪。1915 年，英国军队将刘易斯轻机枪作为制式轻机枪，自此，刘易斯轻机枪总算是"出人头地"了。

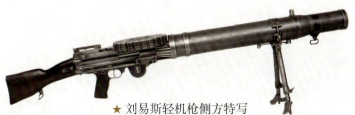

★ 刘易斯轻机枪侧方特写

●武器构造

刘易斯轻机枪的散热设计十分独特,枪管外包有又粗又大的圆柱形散热套管,里面还装有铝制的散热薄片。在射击时,火药燃气向前高速喷出,在枪口处形成低压区,使空气从后方进入套管,并沿套管内散热薄片形成的沟槽前进,带走热量。这种独创的抽风式冷却系统比当时机枪普遍采用的水冷装置更为轻便实用。

★ 两脚架上的刘易斯轻机枪

●作战性能

刘易斯轻机枪在二战时期主要作为防空机枪,装设在卡车、火车上,或者作为固定的火力点。影响自动武器连发射击精度和枪管寿命的重要因素是散热。刘易斯轻机枪的散热设计非常独特,独创的抽风式冷却系统,比当时机枪普遍采用的水冷装置更为轻便实用。

枪械爱好者正在使用刘易斯轻机枪

No.47 英国布伦轻机枪

基本参数	
口径	7.62 毫米
枪长	1156 毫米
净重	10.43 千克
有效射程	550 米
枪口初速度	743.7 米/秒
射速	500～520 发/分

布伦（BREN）轻机枪是英国在二战中装备的主要轻机枪之一，也是二战中最好的轻机枪之一。

• 研发历史

1933 年，英国军方选中了捷克斯洛伐克的 ZB26 轻机枪，并在该枪的基础上研发出了布伦轻机枪。1938 年，英国正式投产布伦轻机枪，英军方简称"布伦"或"布伦枪"，其名字由生产商布尔诺（Brno）公司和恩菲尔德（Enfield）兵工厂的前两个字母组合而成。

两脚架上的布伦轻机枪

•武器构造

布伦轻机枪采用导气式工作原理,枪机偏转式闭锁方式。该枪的枪管口装有喇叭状消焰器,在导气管前端有气体调节器,并设有4个调节档,每档对应不同直径的通气孔,可以调整枪弹发射时进入导气装置的火药气体量。该枪拉机柄可折叠,并在拉机柄、抛壳口等机匣开口处设有防尘盖。

枪械爱好者正在使用布伦轻机枪

•作战性能

布伦轻机枪良好的适应能力使得它的使用范围十分广泛,在进攻和防御中都可使用,经战争证明为最好的轻机枪之一。它和美国的勃朗宁自动步枪一样,能够提供攻击和支援火力。

枪械爱好者正在使用布伦轻机枪

No.48 苏联/俄罗斯 RPD 轻机枪

基本参数	
口径	7.62 毫米
枪长	1037 毫米
净重	7.62 千克
有效射程	800 米
枪口初速度	735 米/秒
射速	700 发/分

RPD 轻机枪是捷格加廖夫于 1943 年设计的,在二战结束后正式装备苏军,以代替 DP 轻机枪。该枪为战后苏联的第一代班用支援武器,也在相当长一段时间里作为华沙条约组织国家的制式轻机枪。

● 研发历史

苏联枪械设计师瓦西里·捷格佳廖夫早在 1943 年就已经设计了 RPD 轻机枪。1944 年年初,少数 RPD 轻机枪在苏联对德国作战的前线部队中进行了测试,并被限量使用。由于当时二战正在进行,所以一直到战后才大规模装备苏联部队。

展览中的 RPD 轻机枪

● 武器构造

RPD 轻机枪采用导气式工作原理，闭锁机构基本由 DP 轻机枪改进而成，属中间零件型闭锁卡铁撑开式，借助枪机框击铁的闭锁斜面撞开闭锁片实现闭锁。该枪采用弹链供弹，供弹机构由大、小杠杆，拨弹滑板，拨弹机，阻弹板和受弹器座等组成，弹链装在弹链盒内，弹链盒挂在机枪的下方。该枪击发机构属平移击锤式，机框复进到位时由击铁撞击击针。

该枪的瞄准装置由圆柱形准星和弧形表尺组成。准星可上下左右调整，两侧有护翼。表尺有 U 形缺口照门，表尺板上刻有 10 个分划，每个分划代表 100 米距离。另外，该枪还设有横表尺用以修正方向，转动移动螺杆可使照门左右移动。

RPD 轻机枪站立射击测试

士兵正在使用 RPD 轻机枪

● 作战性能

RPD 轻机枪具有结构简单紧凑、重量较轻、使用和携带较为方便等优点，该枪是第一种使用 7.62×39 毫米口径子弹的机枪。

枪械爱好者使用 RPD 轻机枪进行射击

No.49 苏联/俄罗斯 DP/DPM 轻机枪

基本参数	
口径	7.62 毫米
枪长	1270 毫米
净重	9.2 千克
有效射程	800 米
枪口初速度	840 米/秒
射速	500～600 发/分

DP 轻机枪于 1928 年装备苏联红军，DPM（M 表示改进型）轻机枪是 1944 年在 DP 轻机枪的基础上改进而来的，这两种轻机枪是苏联在二战中装备最多的轻机枪之一。

● 研发历史

以马克沁重机枪为首的重型武器，在 20 世纪算得上是武器中的"大牌明星"，风靡了半个世纪。一战结束后，人们发现重机枪由于重量过大，移动能力太差，无法有效发挥机枪的威力，于是逐渐重视起机枪的机动性，轻机枪概念随之产生。之后，各国相继研制了很多种结构不同、性能各异的轻机枪。

按照苏联红军当时的战斗要求，陆军班用轻机枪必须像步枪一样可以卧姿、跪姿、立姿、行进间端枪或挟持等任何姿势射击，并可突然开火，以猛烈的点射或连续射击横扫敌人。1923

两脚架上的 DP 轻机枪

年，捷格加廖夫根据该要求开始进行轻机枪的设计。1927年12月21日，捷格加廖夫设计的轻机枪通过了零下30摄氏度试验，随后被苏联红军定为制式装备，并命名为DP轻机枪。

★ DPM轻机枪及其弹药

在之后的使用过程中，苏军发现DP轻机枪连续射击后，枪管会发热致使枪管下方的复进簧受热而改变性能，影响武器的正常工作。随后，捷格加廖夫将复进簧改放在枪尾内，DP轻机枪也改名为DPM轻机枪。

● 武器构造

圆状弹盘是DP轻机枪最大的特征，它平放在枪身的上方，由上下两盘合拢构成，上盘靠弹簧使其回转，不断将子弹送至进弹口。发射机构能够单发、连发射击，有经常性手动保险。枪管与机匣采用固定式连接，不能随时更换。枪管外有护筒，下方有活塞筒，内装活塞和复进簧。枪身的前下方装有两脚架。

★ DP轻机枪正在被使用

该枪的瞄准装置由柱形准星和带V形缺口照门的弧形表尺组成，准星上下左右均能调整，两侧有护翼，表尺也有护翼，该护翼兼作弹盘卡笋的拉手。

DPM轻机枪与DP轻机枪没有太大差别，仍采用弹盘供弹，但是在机匣后端不仅配用弹簧缓冲器，还使用厚管壁重型枪管。

● 作战性能

DP轻机枪坚固可靠，为苏联步兵提供了灵活的火力支援，弥补了马克沁M1910重机枪和SG-43重机枪机动不便的缺点。

DP轻机枪俯卧射击测试

手持DPM轻机枪的士兵

No.50 苏联/俄罗斯 RPK 轻机枪

基本参数	
口径	7.62 毫米
枪长	1040 毫米
净重	4.8 千克
有效射程	1000 米
枪口初速度	745 米/秒
射速	600 发/分

RPK 轻机枪是以 AKM 突击步枪为基础发展而成的，具有净重轻、机动性强和火力持续性较好的特点。与 AKM 突击步枪相比，RPK 轻机枪的枪管有所增长，而且增大了枪口初速。

● 研发历史

自苏军 1949 年装备 AK-47 突击步枪和 1959 年装备 AKM 突击步枪后，轻武器的研制水平远远超过西方国家。AK-47、AKM 突击步枪采用由耶里扎罗夫和瑟明研制的 M-43 式 7.62×39 毫米中间型枪弹，突出特点是动作可靠，故障率低，能在各种恶劣的条件下使用，而且武器操作简便，连发时火力猛。优异的性

★ RPK 轻机枪上方视角

能，再加上当时兴起的"枪族化"发展趋势，卡拉什尼科夫在 AKM 突击步枪的基础上发展出班用轻机枪，使用 40 发弹匣或 75 发弹鼓，空枪重 5.6 千克，瞄准基线长 560 毫米，这便是后来享誉世界的 RPK 轻机枪的雏形。1959 年，苏联正式采用该枪，并定名为 RPK 轻机枪。

● 武器构造

RPK 轻机枪沿用了 AKM 突击步枪著名的冲铆机匣，枪机内部的冲压件比例大幅度提高，并把铆接改为焊接，如枪管节套和尾座点焊在 1 毫米厚的 U 形机匣上，机框枪机导轨点焊在机匣内壁上。

RPK 轻机枪的弹匣由合金制成，并能够与原来的钢制弹匣通用，后期还研制了一种玻璃纤维塑料压模成型的弹匣。该枪的护木、枪托和握把均采用树脂合成材料，以降低枪支净重并增强结构。

使用 RPK 轻机枪进行射击训练

★ 未完全分解的 RPK 轻机枪

● 作战性能

RPK 轻机枪保持着 AK-47 突击步枪的良好效能及可靠性的传统，据说曾发射了 1.2 万发枪弹而活动部件仍完好无损。RPK 轻机枪还配备了折叠的两脚架以提高射击精度，由于射程较远，其瞄准具还增加了风偏调整。

★ 安装在两脚架上的 RPK 轻机枪

★ RPK 轻机枪俯卧射击

No.51 苏联 RPK-74 轻机枪

基本参数	
口径	5.45 毫米
枪长	1060 毫米
净重	4.7 千克
有效射程	1000 米
枪口初速度	960 米/秒
射速	600 发/分

★ RPK-74 轻机枪与 RPK 轻机枪对比图

RPK-74 轻机枪是在 AK-74 突击步枪的基础上改进而成，1974 年为苏军装备。该枪由卡拉什尼科夫设计，其研制目的是为了满足苏军的火力支援单位，以取代原有的 7.62×39 毫米 RPK 轻机枪。RPK-74 是 AK-74 的一种变种枪。它发射 5.45×39 毫米 M74 子弹，配有长、重枪管，两脚架，改进型木制固定枪托，通用 AK-74 的 30 发、45 发弹匣。但由于枪管固定不能更换，所以 RPK-74 轻机枪不能做长时间压制射击，实际上只属于重枪管自动步枪。

★ RPK-74 轻机枪及其子弹

苏联 RPK-203 轻机枪

基本参数	
口径	7.62 毫米
枪长	1065 毫米
净重	4.7 千克
有效射程	550 米
枪口初速度	745 米/秒
射速	50～150 发/分

打开两脚架的 RPK-203 轻机枪

  RPK-203 轻机枪是沿袭 AK-47 突击步枪及其后继的衍生型 AK-74 突击步枪的设计,也是 AK 枪族成员之一。RPK-203 轻机枪和 RPK-201、RPK-74M 轻机枪在设计上都非常相似,唯一的不同之处是口径和相应的弹匣类型。

  在设计上,RPK-203 轻机枪与 RPK-74M、RPK-201 轻机枪相比的明显改进是延长、加重的枪管,使它成为一种介乎于全尺寸型步枪和弹链供弹式机枪之间的中间型型号。除此之外,RPK-203 轻机枪的机匣是由冲压钢制成,其中 40 发可拆式弹匣沿用自 RPK 的弹鼓,令火力持续性提高;并且它是以玻璃钢制成的,比旧型号的弹匣更轻巧和耐用。该枪也可通用 AK-103 突击步枪的 30 发黑色塑料弹匣。此外,枪托也是由聚合物塑料制成的,这使它的重量更轻和更耐用。

  此外,由于所采用弹药的先天特性,RPK-203 轻机枪具有一颗更重的弹头,所以在贯穿力方面该枪比 RPK-201 轻机枪更为优秀,但是其精度比 RPK-201 稍弱一点。

No.53 德国 MG4 轻机枪

基本参数

口径	5.56 毫米
枪长	1005 毫米
净重	8.15 千克
有效射程	1000 米
枪口初速度	920 米/秒
射速	775～885 发/分

★ 两脚架上的 MG4 轻机枪

展览中的 MG4 轻机枪

MG4 轻机枪是由德国黑克勒-科赫（HK）公司设计及生产的弹链供弹轻机枪，发射 5.56×45 毫米弹药，装备德国联邦国防军以取代 MG3 通用机枪。此外，MG4 也是德国未来士兵系统的一部分。目前 MG4 轻机枪有三种型号，包括 MG4（标准型）、MG4E（出口型）以及 MG4KE（短枪管出口型）。

该枪原本称为 MG43，在正式装备德国军队后命名为 MG4。该枪以轻型、左右手皆可操作为设计主旨，能够通过导轨加装各种战术配件，除此之外，也对应三脚架用来提高射击精度。不仅如此，MG4 轻机枪与 FN Minimi 轻机枪和 M249 轻机枪比较相似，同样都是采用气动式原理及转栓式枪机，但弹壳在机匣底部排出，枪托亦可折叠。而且，此枪的机匣顶部装有 MIL-STD-1913 导轨用来安装瞄准镜等附件，配冷锻可快拆式枪管，其纯弹链供弹式设计需把弹箱或弹袋挂在机匣左面，空弹壳则在机匣底部排出，而不像 FN Minimi 那样对应弹匣供弹。

No.54 德国 MG13 轻机枪

基本参数	
口径	7.92 毫米
枪长	1448 毫米
净重	23.4 千克
有效射程	2000 米
枪口初速度	838 米/秒
射速	600 发/分

MG13 轻机枪由 M1918 水冷式轻机枪改造而来，是德军在 20 世纪 30 年代的主要武器装备之一，并在二战中使用。

●研发历史

一战结束后，因水冷式重机枪在战争中表现出极大的杀伤力，所以在《凡尔赛条约》中明确规定了战败的德国不得制造和装备水冷式重机枪。20 世纪 30 年代，为了增强德军的作战能力，德国军工部门开始将大量的 M1918 水冷式轻机枪改造成气冷式轻机枪，最终研发出了外形和供弹系统都有较大变化的 MG13 轻机枪。

展览中的 MG13 轻机枪

● 武器构造

MG13 轻机枪采用枪管短后坐式工作原理，双臂杆式闭锁机构。双臂杆的回转轴在节套上，闭锁时双臂杆前端支撑枪机，击发后枪管节套和杠杆一起后退，杠杆后端遇到机匣上开锁斜面即行回转、开锁。该枪枪机加速机构为杠杆凸轮式，加速凸轮的回转轴在机匣上。开锁后，枪管迫使加速凸轮回转，加速凸轮长臂迫使枪机加速后退。另外，该枪使用机械瞄准具，配有弧形表尺、折叠式片状准星和 U 形缺口式照门。

MG13 轻机枪侧面照

★ MG13 轻机枪分解图

● 作战性能

MG13 轻机枪的气冷式枪管可迅速更换，发射机构可进行连发射击，也可单发射击。该枪设有空仓挂机，即最后一发子弹射出后，使枪机停留在弹仓后方。MG13 轻机枪使用 25 发弧形弹匣供弹，也可使用 75 发弹鼓，所用弹药为德国毛瑟 98 式 7.92 毫米枪弹，弹壳为无底缘瓶颈式。

安装了两脚架的 MG13 轻机枪

No.55 德国 HK13 轻机枪

基本参数	
口径	5.56 毫米
枪长	980 毫米
净重	6 千克
有效射程	400 米
枪口初速度	950 米/秒
射速	400 发/分

枪械爱好者使用 HK13 轻机枪进行射击训练

　　HK13 轻机枪是一种配用 5.56 毫米枪弹的轻机枪，属于 HK 公司的第二代枪族。该枪基本上和 HK33 突击步枪相同，两者的动作原理一样，外部尺寸也差不多。其不同之处在于 HK13 作为轻机枪，采用了较重的快速更换式枪管。

　　HK13 轻机枪采用著名的 G3 步枪工作原理，即枪机延迟后坐工作原理，闭锁机构为滚柱闭锁式，供弹方式为弹匣供弹。除此之外，该枪还能单、连发射击，快慢机柄位于机匣左侧、握把的上方。该枪的击发和发射机构与 HK33 突击步枪相同，两脚架不仅可以装在枪管护筒的前端，也能够装在弹匣前、全枪的中心点。

士兵正在使用 HK13 轻机枪

　　HK13 轻机枪的性能较为优秀，可用于杀伤有生目标，主要装备一些东南亚国家的武装部队，现已停产。

No. 56 法国绍沙轻机枪

基本参数	
口径	7.5 毫米
枪长	1143 毫米
净重	9.07 千克
有效射程	2000 米
枪口初速度	630 米/秒
射速	240 发/分

绍沙轻机枪是最早的轻型自动步枪口径武器之一，由一名操作员和一名助手携带和射击，没有重型三脚架或一队枪手。它开创了 20 世纪随后几个火器项目的先例，是一种廉价且大量制造的便携式全功率自动武器。

● 研发历史

绍沙轻机枪是以路易斯·绍沙上校的姓氏命名的。当时欧洲风行一种习惯，即武器装备名称惯用主持这项工作官员的姓氏命名，以示尊敬。绍沙轻机枪在统计表中多称为 C.5.R.C，据美国人说这四个字母就是设计委员会主要成员姓氏的首字母，法国人说绍沙机枪是这四个人主持设计的，而且设计师也是他们。

展览中的绍沙轻机枪

左边士兵背着绍沙轻机枪

●武器构造

绍沙轻机枪的构造是复合的，因此在零件质量方面不完全一致。反冲筒套以及所有的螺栓运动部件均由实心钢精密铣削而成，并可相互替换。外部枪膛外壳是一个简单的管子，枪的其余部分是用平庸质量的冲压金属板制成的。

博物馆中的绍沙轻机枪

安装在两脚架上的绍沙轻机枪

●作战性能

绍沙轻机枪结构较为复杂，射击频率低，采用紧凑的包装，重量轻，适合单兵。除此之外，该枪还能够在行走时发射。

一名持有绍沙轻机枪的士兵守卫着一条战壕

士兵使用绍沙轻机枪俯卧射击

No.57 法国 FM24 轻机枪

基本参数	
口径	7.5 毫米
枪长	1080 毫米
净重	9.75 千克
有效射程	750 米
枪口初速度	830 米/秒
射速	450 发/分

FM24 轻机枪前侧方特写

1924 年，法国军队开始着手研发 FM24 轻机枪。由于该枪具有良好的可靠性，很快就在法国军队里普及装备。不过，该枪也存在一些缺陷：第一，该枪在战斗状态下不能很快地更换枪管；第二，位于机匣上方的弹匣在射击时会阻挡射手的视线。

安装在两脚架上的 FM24 轻机枪

FM24 轻机枪采用导气式工作原理，枪机偏移式闭锁机构，击锤式击发机构。该枪的特别之处在于它有两个扳机：扣动前面的扳机是单发发射，扣动后面的则是连发发射。该枪采用可以避免虚光的机械瞄具，片状表尺。该枪初期使用 7.5×57 毫米口径弹药，1929 年的版本改为使用 7.5×54 毫米口径弹药。

No.58 法国 M1909 轻机枪

基本参数	
口径	7.62 毫米
枪长	1230 毫米
净重	9.5 千克
有效射程	800 米
枪口初速度	750 米/秒
射速	300～350 发/分

★ M1909 轻机枪前侧方特写

保存至今的 M1909 轻机枪

　　M1909 轻机枪在一战和二战时期是法国陆军的主要机枪之一,设计师是劳伦斯·V.贝尼特和亨利·梅尔西。

　　相比 M1900 轻机枪和 M1907 轻机枪而言,M1909 轻机枪将零部件数量减到最少,取消了笨重的三脚架,安装了更加结实且净重轻的固定架(后来逐渐换为两脚架)。该枪基本上只需要两名士兵就可以完成操作,一名士兵负责射击操作,另一名负责供弹。

　　该枪的致命缺点是枪弹外露,在到处都是沙尘和泥土的战壕里,笨拙的弹板式换弹方式很容易引起供弹不良的现象。一战结束后,很多国家都把 M1909 轻机枪从一线部队中撤装,用新型机枪取而代之,法国也不例外。

　　另外值得一提的是,美军选定了该枪之后,并不是原封不动地配发给部队使用,而是对该枪进行了一些美国式的改造,并由斯普林菲尔德兵工厂和柯尔特武器公司生产。在美国该枪的总产量仅为 670 挺,虽然数量不多,却是美国军队装备的第一款轻机枪。

No.59 以色列 Negev 轻机枪

基本参数	
口径	5.56 毫米
枪长	1020 毫米
净重	7.5 千克
有效射程	1000 米
枪口初速度	950 米/秒
射速	750～950 发/分

Negev 轻机枪是在 20 世纪 90 年代初期根据以色列国防军的任务需求而研制的。Negev 轻机枪完全符合北约 5.56 毫米口径武器标准。目前该枪是以色列国防军的制式多用途轻机枪，装备的部队包括以色列所有的正规部队和特种部队。

● 研发历史

1990 年，以色列的军队，包括徒步士兵、车辆、飞机和船舶装备的机枪是 FNMAG58。虽然该机枪的通用性极好，但作为单兵武器来说，该枪还是显得太笨重，不便于士兵携带。因此，以色列国防军需要寻找一种新型的便于携带的轻机枪，来增强步兵分队的压制火力。

按照军方的要求，以色列军事工业公司（IMI）为其打造了一款新型的轻机枪——Negev 轻机枪。正当以色列国防军打算采用 Negev 轻机枪时，半路杀出了 FN Minimi 轻机枪，这两种枪在性能上相差无几，并且在 1990 年以色列就已经装备了少量的 FN Minimi 轻机枪。相对于 Negev 轻机枪来说，FN Minimi 轻机枪的优势就在于经历过实战检验，而且价格

Negev 轻机枪及其弹药

士兵正在使用 Negev 轻机枪

便宜。但是后来 FN Minimi 轻机枪没有得到适当的维护，导致性能下降，所以在以色列国防军中的声誉也开始有所下滑。另一方面，IMI 通过政治手段向军方施压，要求军方"支持国产"，因此以色列国防军才最终决定采购比 FN Minimi 轻机枪价格高的"国产货"Negev 轻机枪。

● 武器构造

Negev 轻机枪使用的枪托可折叠存放或展开，这个灵活性已经让 Negev 被用于多种角色，例如传统的军事应用或在近距离战斗中使用。Negev 轻机枪能使用标准的软式攻击型弹鼓。此外，该枪也装备了可拆卸弹匣。

两脚架上的 Negev 轻机枪及其弹药

Negev 轻机枪正在进行射击

● 作战性能

虽然 Negev 轻机枪除了作为单兵携行的轻机枪外，还可以用于车辆、飞机和船舶上，但是以色列国防军在此类平台上使用的武器还是 FN MAG58 通用机枪，因此 Negev 轻机枪主要还是装备步兵分队。

目前，标准型的 Negev 轻机枪被常规部队使用，而突击型只配备到少数特种部队。由于沙漠战场上的战斗环境通常都比较开阔，而标准型的 Negev 轻机枪有着较长的枪管，所以在远射程上的精度更高，因此在沙漠作战的以色列特种部队最常用的还是标准型的 Negev 轻机枪。

士兵正在使用 Negev 轻机枪

No.60 以色列 Dror 轻机枪

基本参数

口径	7.92 毫米
枪长	1240 毫米
净重	10 千克
有效射程	880 米
枪口初速度	792.48 米/秒
射速	950 发/分

★ 保存至今的 Dror 轻机枪

1946 年 12 月，以色列组建了一个主要用来制造轻机枪的国营兵工厂。在设计新型机枪的时候，以色列为了不浪费他们数年来辛苦收集的数百万发英国 7.62 毫米口径的子弹，决定使用温彻斯特武器公司的 M1941 轻机枪（口径为 7.62 毫米）来进行改良。1947 年，以色列国营兵工厂开始在一处秘密的生产车间进行机枪改良，他们的最终产品就是 Dror 轻机枪。

1948 年，Dror 轻机枪出现在人们的视野中。该枪净重轻，可以快速更换枪管。不过由于该枪存在许多缺陷，随后被退还到工厂继续改进。1950 年，Dror 轻机枪试样被送到有关场地测试。

★ 士兵使用 Dror 轻机枪进行射击

No.61 日本大正十一式轻机枪

基本参数	
口径	6.5 毫米
枪长	1100 毫米
净重	10.2 千克
有效射程	1000 米
枪口初速度	730 米/秒
射速	500 发/分

大正十一式轻机枪是日本在二战中使用较多的一种轻机枪。该枪枪托为便于贴腮瞄准而向右弯曲，俗称"歪把子"机枪。

● 研发历史

一战结束以后，世界各国特别是一些军事大国，出现了新一轮军备竞赛和军事思想变革的风潮。日本为了增强一线步兵的火力，也效仿欧美国家军队的做法，开始为步兵班设计一款只需要1～2人操作的轻机枪。机枪作为自动武器，要实现能通用步枪这种非自动武器的5发弹匣，就必须满足两个条件：第一，必须具有一个能够承载和储放

展览中的大正十一式轻机枪

步枪 5 发弹匣的平台；第二，必须能够满足机枪自动射击的要求，并能把步枪弹夹式供弹具上的枪弹连续不断地送入进弹位置。围绕军方的要求，日本兵工厂打造出了十一式轻机枪。

十一式轻机枪采用了类似传统步枪枪托的"枪颈"，同时由于其瞄准基线偏于枪面右侧，为了避免使用者在瞄准时过于向右歪脖子，所以将本来就十分细长的枪颈向右弯曲，以使枪托的位置能满足抵肩据枪瞄准，这就是"歪把子"这一称呼的由来。

●武器构造

十一式轻机枪是世界著名的"个性鲜明"的轻机枪，供弹方式是该机枪最大的特色。此外，该枪在结构设计上还有两个非常突出的特点：第一，最大限度地遵从并且创造性地实现军方对武器性能的要求；第二，最大限度地吸收并且创造性地运用当时世界上先进的枪械原理。

安装在两脚架上的大正十一式轻机枪

●作战性能

经过实战证明，枪械的结构越简单，可靠性也就相对越高；反之，可靠性则越糟。大正十一式轻机枪采用的这种供弹方式，结构与动作过于复杂。而这种机构动作的高复杂性，同时也就存在高故障率的隐忧。

枪械爱好者正在使用大正十一式轻机枪

No.62 日本九六式轻机枪

基本参数	
口径	6.5 毫米
枪长	1070 毫米
净重	9 千克
有效射程	800 米
枪口初速度	735 米/秒
射速	450～500 发/分

九六式轻机枪在 1936 年开始被广泛使用，它原本是要取代较旧的十一式轻机枪，不过由于当时十一式已大量生产，因此这两种武器直到二战结束仍都有使用。

● 研发历史

1931 年，日本军队在战争中的经验使他们确信了一个事实，那就是机枪可以为前进的步兵提供火力掩护。虽然日军早期装备有十一式轻机枪，可以很方便地由步兵带入作战，但是该枪开放式的供弹设计，让沙土和污垢容易进入枪身，因此在环境恶劣的情况下容易卡弹。此时日本军队要求重新设计一款适

九六式轻机枪侧面特写

应战争需求的机枪。随后，日本陆军小仓兵工厂借鉴捷克斯洛伐克 ZB-26 轻机枪，设计出了一款新型的轻机枪，1936 年这款新型机枪被定型，并正式命名为九六式轻机枪。

★ 九六式轻机枪

●武器构造

九六式轻机枪与十一式轻机枪基本相同，都是采用了气冷式、导气式设计。它们之间最大的差异就是，九六式轻机枪使用的弹匣为典型可卸式盒状弹匣，这种弹匣设计提高了九六式轻机枪的可靠性，并且减轻了该枪的净重。此外，该枪的枪管还设计有侧翼，以便在必要时迅速更换枪管。

展览中的九六式轻机枪

九六式轻机枪，圆形物为表尺转轮

●作战性能

九六式轻机枪与十一式轻机枪最大的差异在于装在上方、可容纳 30 发子弹的曲形可卸式盒状弹匣。这一设计些许增加了可靠性，也减轻了此枪的重量。九六式轻机枪的缺陷在于弹壳容易卡在弹膛中，从而引起故障。为了确保可靠地填弹，只好用装在弹匣装填器中的油泵为子弹上油。可是问题在于，上了油的子弹更容易粘上沙尘，这反而使问题进一步严重了，这个问题直到九九式轻机枪问世后才真正获得解决。

装上 30 发弹匣的九六式轻机枪

博物馆中的九六式轻机枪

No.63 日本九九式轻机枪

基本参数	
口径	7.7 毫米
枪长	1181 毫米
净重	11.4 千克
有效射程	2000 米
枪口初速度	715 米/秒
射速	450～500 发/分

★ 九九式轻机枪进行性能测试

九九式轻机枪是日本陆军在二战中使用的一种轻机枪，当日本军方决定采用7.7毫米无底缘枪弹而不是6.5毫米枪弹时，便开始研制发射这种枪弹的九九式机枪。为缩短研制时间，该枪以九六式轻机枪为基础并做了重大改进。该枪于1939年开始服役，但由于许多前线部队仍继续使用6.5毫米口径的三八式步枪，而且十一式轻机枪与九六式轻机枪都已大量生产，所以九九式与这两种较旧的武器一同使用，这三种武器

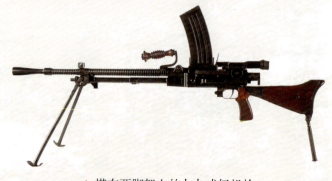

★ 搭在两脚架上的九九式轻机枪

持续被使用直到战争结束为止。

九九式轻机枪的设计基本上与九六式轻机枪相同,而且还可共用一些零件。不过,它取消了油泵,并拥有较好的退壳机制,使其可靠度超越以往的轻机枪。早期版本在枪托处有一支单脚架,以及可旋上枪口触螺纹的避火罩。此外,装在顶端的弯曲盒状可卸式弹匣能够容纳 30 发子弹,而有侧翼的枪管可快速更换以避免过热。

九九式轻机枪正在被使用

枪械爱好者正在使用九九式轻机枪进行射击训练

No.64 比利时 FN Minimi 轻机枪

基本参数	
口径	5.56 毫米
枪长	1038 毫米
净重	7.1 千克
有效射程	1000 米
枪口初速度	925 米/秒
射速	750 发/分

FN Minimi 轻机枪是比利时 FN 公司在 20 世纪 70 年代研制成功的一种轻机枪，主要装备步兵、伞兵和海军陆战队。

● 研发历史

20 世纪 70 年代初期，北约各国的主流通用机枪发射 7.62×51 毫米北约制式枪弹。FN 公司设计 FN Minimi 轻机枪时，原本也打算发射这种枪弹。后来 FN 公司为了推广本公司新研发的 SS109 弹药（口径为 5.56 毫米），使其成为新一代北约制式弹药，所以在加入美国陆军举行的班用自动武器评选（SAW）时，将 FN Minimi 轻机枪改为发射 SS109 弹药。

★ 加装战术组件的 FN Minimi 轻机枪

★ 士兵在战斗中使用的 FN Minimi 轻机枪

●武器构造

　　FN Minimi 轻机枪采用开膛待击的方式,增强了枪膛的散热性能,有效防止枪弹自燃。导气箍上有一个旋转式气体调节器,并有三个位置可调:一个为正常使用,可以限制射速,以免弹药消耗量过大;一个在复杂气象条件下使用,通过加大导气管内的气流量,减少故障率,但射速会增高;还有一个在发射枪榴弹时使用。

　　FN Minimi 轻机枪是 FN 公司在当时的新设计,开、闭锁动作由机框定型槽通过枪机导柱带动枪机回转而完成。由于枪机闭锁于枪管节套中,故可减小作用于机匣上的力。机框直接连接在活塞杆上,两者一起运动,机匣内侧的两根机框导轨起确保机框和枪管对正的作用。子弹击发后,在火药气体压力作用下,机框后坐,而枪机则要等到机框上的开锁斜面开始起作用之后方能运动。在此期间,膛压逐渐下降。当机框开锁斜面开始带动枪机开锁时,膛压几乎与大气压相等,故弹壳不会因此紧贴子弹膛壁上。抽壳动作在枪机回转开锁完成之后才开始进行。

安装了两脚架的 FN Minimi 轻机枪

打开机匣的伸缩枪托 Minimi 轻机枪

●作战性能

　　由于采用小口径弹药,FN Minimi 轻机枪比 7.62×51 毫米口径的通用机枪要轻得多,该枪的可靠性也比较高,也更适合作班用支援武器,这也是各国用小口径轻机枪取代通用机枪的原因。

士兵和手中的 Minimi 轻机枪

装甲车上的 Minimi 轻机枪

No.65 捷克斯洛伐克 ZB-26 轻机枪

基本参数	
口径	7.92 毫米
枪长	1161 毫米
净重	10.5 千克
有效射程	550 米
枪口初速度	830 米/秒
射速	500 发/分

ZB-26 轻机枪诞生于 1924 年，是世界上最著名的轻机枪之一，曾装备数十个国家的军队。

● 研发历史

1920 年，捷克斯洛伐克布拉格军械厂的枪械设计师哈力克设计了一种新型轻机枪——Praga I 轻机枪。该枪经过捷克斯洛伐克国防部的测试，它的性能与勃朗宁、麦迪森和维克斯等设计的轻机枪不相上下，于是国防部要求在该枪的基础上继续发展。之后，在哈力克的

展览中的 ZB-26 轻机枪

精心打造下，Praga ⅡA 轻机枪诞生了。

1923 年，捷克斯洛伐克国防部征集轻机枪以供捷克斯洛伐克陆军使用。哈力克以 Praga ⅡA 轻机枪参加测试，在测试后 Praga ⅡA 被国防部选中，成为捷克斯洛伐克陆军制式武器。但后来布拉格军械厂濒临破产，已无力生产 Praga ⅡA，哈力克及大部分技术人员选择了离职。1925 年 11 月，布拉格军械厂与捷克斯洛伐克国营兵工厂签署了生产合约，哈力克随后加入了捷克斯洛伐克国营兵工厂，协助完成 Praga ⅡA 的生产。1926 年，由布拉格军械厂和捷克斯洛伐克国营兵工厂合力生产的 Praga ⅡA 轻机枪被定名为布尔诺 - 国营兵工厂 26 型轻机枪，即 Zbrojovka Brnovzor 26，简称 ZB-26。

• 武器构造

ZB-26 轻机枪枪管的外部加工有圆环形的散热槽，枪口装有喇叭状消焰器。该枪没有气体调节器，因此不能进行火药气体能量调节。枪托后部有托肩板和托底套，内有缓冲簧以减少后坐力，两脚架可根据要求伸缩。枪管上靠近枪中部有提把，方便携带和快速更换枪管。此外，该枪弹匣位于机匣的上方，从下方抛壳。由于弹匣在枪身上方，因此瞄准具向左偏移。

ZB-26 轻机枪射击测试

博物馆中的 ZB-26 轻机枪

• 作战性能

ZB-26 轻机枪结构简单，动作可靠，在激烈的战争中和恶劣的自然环境下也不易损坏。该枪使用和维护都很方便，只要更换枪管就可以持续射击。另外，两人机枪组经过简单的射击训练就可以使用该枪作战，大大提高了实战效能。

ZB-26 轻机枪与士兵

No.66 意大利布瑞达 Mod.30 轻机枪

基本参数	
口径	6.5 毫米
枪长	1230 毫米
净重	10.8 千克
有效射程	800 米
枪口初速度	618 米/秒
射速	475 发/分

★ Mod.30 轻机枪局部特写

二战期间的机枪或以火力强大闻名，或以性能可靠闻名，而意大利 Mod.30 轻机枪出名靠的不是这些，而是其丑陋不堪的外表。该枪枪身到处是坑坑洞洞，与德军优雅的 MG42 通用机枪相比简直是天壤之别，就连老掉牙的布伦轻机枪都比它"英俊"。该枪最"恶心"的地方是没有设计提把，携带行走时，得用手抓着枪握把和折叠双脚架，还要担心凸起的地方勾到衣服和其他装备，这些对于枪手来说真是苦不堪言。

Mod.30 轻机枪的弹匣位于侧边，向外突出。枪托和扳机组仿佛是用夹子向后接合在机箱的末端，如果要清理它，必定

游戏中的 Mod.30 轻机枪

极其困难,要是这项工作是在沙漠里进行就更令人畏惧了。如果一定要找出该枪"出彩"的地方,可能就是它的操作系统了。该枪采用反冲式操作系统,虽然这种系统有时会出现动力不足的问题,导致无法把弹壳抛出,但解决的方法很简单,就是子弹进膛时在弹壳上涂抹一层油即可。

相比同时期的机枪来说,Mod.30 轻机枪除了造型让人过目不忘之外,其他地方简直一无是处。尽管如此,在二战期间,该枪仍是意大利军队重要的轻机枪之一。

大正十一式轻机枪及弹夹

安装在两脚架上的 Mod.30 轻机枪

No.67 新加坡 Ultimax 100 轻机枪

基本参数

口径	5.56 毫米
枪长	1024 毫米
净重	4.9 千克
有效射程	800 米
枪口初速度	970 米/秒
射速	400～600 发/分

Ultimax 100 轻机枪由新加坡特许工业有限公司研发生产，其特点是净重轻、命中率高，除了被新加坡军队采用外，也出口到其他国家。

● 研发历史

美国枪械设计师詹姆斯·沙利文是一个能力出群的人物，曾领导过包括斯通纳在内的许多著名的轻武器设计师，他所参与过的轻武器研究有著名的 M16 突击步枪。1978 年，詹姆斯·沙利文在新加坡军方的委托下，与另一位设计师鲍伯·沃德菲尔德一起设计了一款轻机枪。1979 年 6 月，新加坡军方对该新型轻机枪进行了测试，随后于 1981 年定型，并命名为 Ultimax 100。

★ 手持 Ultimax 100 轻机枪的士兵

★ 两脚架上的 Ultimax 100 轻机枪

第 3 章 轻机枪

● 武器构造

Ultimax 100 轻机枪采用较长的机匣和复进簧,并采用开膛待击(前冲击发)。当射手扣下扳机时,枪机开始向前运动并推弹进膛,在机头进入枪管节套闭锁的同时,枪机组向前运动的能量通过枪管端面传递到枪管上,使武器产生向前和向下运动的力。该枪采用射程可调窥孔式照门,枪管上的刺刀座通用 M16 突击步枪的刺刀。

发射中的 Ultimax 100 轻机枪

★ Ultimax 100 轻机枪侧面照

● 作战性能

Ultimax 100 轻机枪最特别之处是它采用恒定后坐机匣运作原理,枪机后坐行程大幅度加长,令射速和后坐力比其他轻机枪低,但射击精准度要高。

除此之外,该枪的净重极轻,枪支本身净重仅 4.9 千克,净重和旧式突击步枪相当,即使装上塑胶制的 100 发专用弹鼓并装满子弹,总净重也不过 6.8 千克。

枪械爱好者使用 Ultimax 100 轻机枪进行射击测试

No.68 瑞士富雷尔 M25 轻机枪

基本参数	
口径	7.5 毫米
枪长	1163 毫米
净重	8.65 千克
有效射程	800 米
供弹方式	30 发盒式弹匣
射速	450 发 / 分

富雷尔 M25 轻机枪是二战期间瑞士军队的制式武器，号称"保卫阿尔卑斯山的秘密武器"。该枪以高射击精准度著称，即使在今天，它针对射击精准度的结构设计仍值得设计者借鉴。

● 研发历史

自从膛线被发明后，武器的射击精准度被大大提高，可是人们关注的更多是手枪、步枪的射击精准度，而很少关注机枪的射击精准度。对于机枪的射击精准度，往往是通过射手的操作技术来保证，而不是通过改进机枪机构设计来提高。另外，早在一战中机枪的成功使用，让每个人都知道了武器持续射击的重要性。

瑞士轻武器工厂的负责人阿道夫·富雷尔对武器颇有研究，他认为设计轻机枪必须要利用后坐缓冲装置来提高射击精准度。另一方面，瑞士是个多山的国家，他认为对于瑞士，研制一种既能持续射击，又能保持射击精准度

富雷尔 M25 轻机枪局部特写

第 3 章 轻机枪

的武器是非常必要的。随后,阿道夫·富雷尔带着这样的设计理念,最终设计出了一款适合瑞士本土作战的新型轻机枪——富雷尔 M25 轻机枪。

富雷尔 M25 轻机枪侧方特写

•武器构造

富雷尔 M25 轻机枪采用枪管短后坐式自动方式,而没有像当时的很多机枪那样采用导气式自动方式,因此降低了机件间的猛烈碰撞,使得抵肩射击变得容易控制,从而提高了射击精度。单发射击时,富雷尔 M25 轻机枪的射击精准度相当于狙击步枪。

该枪还设计有源于刘易斯轻机枪的后坐缓冲装置机构,这种缓冲机构是该机枪设计成功的关键部件。

★ 富雷尔 M25 轻机枪弹匣特写

•作战性能

在富雷尔生活的那个年代,刘易斯轻机枪的射击精准度是最高的,后来出现的很多机枪,如布伦轻机枪、勃朗宁轻机枪等,射击精准度都不如刘易斯轻机枪。富雷尔 M25 轻机枪的射击精准度与刘易斯轻机枪相当,而且净重也要轻巧许多。

士兵正在使用 M25 轻机枪进行射击训练

★ 搭在两脚架上的 M25 轻机枪

No.69 瑞典 Kg M/40 轻机枪

基本参数	
口径	6.5 毫米
枪长	1257 毫米
净重	8.5 千克
有效射程	1400 米
枪口初速度	745 米/秒
射速	480 发/分

★ Kg M/40 轻机枪侧方特写

　　Kg M/40 轻机枪是 20 世纪 30 年代初期由枪械设计师汉斯劳夫设计的，1933 年 11 月 22 日，其专利被卖到瑞典。该机枪是德国克诺尔 MG35/36 轻机枪的发展型，但也经过了一定程度的修改，例如口径不同且只能全自动射击。Kg M/40 为长行程活塞气动式、气冷式枪管、纯全自动机枪，长行程导气活塞位于枪管上方的长导气管以内，该导气管一直延伸到枪口。枪管的闭锁是借由垂直倾斜式枪机实现的，而垂直倾斜式枪机则是借由摆动式连接方式与导气活塞杆连接。同时，该机枪还在导气管上装有提把和折叠式两脚架。除此之外，Kg M/40 轻机枪只能使用 20 发弹匣供弹，这无疑限制了其火力持续性。

装备瑞典军队的 Kg M/40 轻机枪

No.70 南斯拉夫 M72 轻机枪

基本参数

口径	7.62 毫米
枪长	1025 毫米
净重	5 千克
有效射程	850 米
枪口初速度	745 米/秒
射速	600 发/分

★ 士兵正在使用 M72 轻机枪

安装在两脚架上的 M72 轻机枪

M72 轻机枪是南斯拉夫扎斯塔瓦武器公司研制，1972 年开始生产，并于 1973 年正式服役，装备南斯拉夫武装部队。该枪也可用作装甲车辆和对空支援武器，可对付 800 米内的地面目标和 500 米内的空中目标，它沿用 AK-47 突击步枪的长行程活塞传动式气动系统、转栓式枪机。

M72 轻机枪采用导气式工作原理，枪机回转闭锁机构，快慢机选择装置在枪机右边的扳机护圈上方，可以选择半自动射击或全自动射击。

另外，M72 轻机枪还配有可与普通弹匣槽配合的 75 发弹鼓，该弹鼓装满枪弹时重 2.175 千克。该枪的瞄准装置由准星和表尺组成，准星为圆柱形，表尺为板式，带有 V 形缺口照门，刻度从 100 米到 1000 米，以 100 米间隔分划。

No.71 南斯拉夫 M77 轻机枪

基本参数

口径	7.62 毫米
枪长	1030 毫米
净重	5.45 千克
有效射程	600 米
枪口初速度	840 米/秒
射速	560～680 发/分

★ 搭在两脚架上的 M77 轻机枪

M77（Zastava M77）是由南斯拉夫扎斯塔瓦武器公司研制和生产的轻机枪。M77 几乎是苏联 RPK 轻机枪的直接仿制型，唯一的视觉差异在于其枪管、山毛榉木制枪托、无机匣左侧的华沙条约导轨和设计上有略微修改的木制护木，以及其发射的 7.62×51 毫米北约口径制式步枪子弹。

M77 轻机枪是一挺气动式传动活塞、气冷式枪管、弹鼓及弹匣供弹、击发调变，并且装有固定和折叠两款枪托以及于枪管扣上两脚架的枪械。它亦是一款很像苏联 RPK 轻机枪的班用自动武器，但也具有其独特的设计特征。其中包括可调节的导气系统，具有三段设置，非常可靠，使其非常适合装上消声器或发射枪榴弹。

★ M77 轻机枪及弹匣

★ M77 轻机枪局部特写

No.72 芬兰 M26 轻机枪

基本参数	
口径	7.62 毫米
枪长	1180 毫米
净重	9.3 千克
有效射程	750 米
枪口初速度	800 米/秒
射速	450～550 发/分

★ 搭在两脚架上的 M26 轻机枪

★ M26 轻机枪侧方特写

　　M26 轻机枪是由芬兰枪械设计师提拉和沙勒仑共同设计的。1926 年，该枪与勃朗宁、柯尔特和哈奇开斯等多个世界名牌机枪共同参加了芬兰陆军新型轻机枪的竞争项目。最终 M26 轻机枪以其高射击精度和枪管可以快速更换等优势拿下了冠军，成为芬兰陆军新一代的制式轻机枪。

　　M26 轻机枪与日军的十一式轻机枪一样，常常在战场上被当作精准射击武器来使用。在芬兰战场上该枪向世人证明了无论是单发还是连发，它的精准度比当时芬兰战场上的任何机枪都要高。

　　但是该枪容易受到灰尘和沙子的侵入，导致枪械故障频繁。另外，由于当时芬兰陆军从苏联红军购入了 8000 挺 DP 轻机枪，所以 M26 轻机枪只生产了极少的数量。

展览中的 M26 轻机枪

No.73 芬兰 Kk 62 轻机枪

基本参数	
口径	7.62 毫米
枪长	1085 毫米
净重	8.5 千克
有效射程	1000 米
枪口初速度	760 米/秒
射速	480 发/分

★ Kk 62 轻机枪侧面特写

展览中的 Kk 62 轻机枪

Kk 62 机枪也被称为 Kvkk 62，是一种气动带式自动武器。该枪使用一个倾斜螺栓锁定在接收器的顶部，并从一个打开的螺栓发射。此外，Kk 62 的接收器由钢加工而成，管状金属枪托装有反冲弹簧，美中不足的是，该枪在需要持续火力时，枪管更换速度较慢。清洁棒连接在枪托和接收器的右侧，侧面折叠携带把手设置在进给机构的前面。除此之外，Kk 62 还配备了折叠式双脚架。该枪最主要的缺点是缺乏快速更换的枪管以及对灰尘和湿度的敏感性。

第 3 章 轻机枪

No.74 韩国大宇 K3 轻机枪

基本参数	
口径	5.56 毫米
枪长	1030 毫米
净重	10.7 千克
有效射程	1000 米
枪口初速度	866 米/秒
射速	750～1000 发/分

★ 士兵正在使用 K3 轻机枪

　　K3 轻机枪是由韩国大宇集团研发生产的，该枪是韩国继 K1A 卡宾枪和 K2 突击步枪之后开发的第三种国产枪械，设计理念借鉴了 FN Minimi 轻机枪。该枪只能进行连发发射，因此发射机构十分简单，由扳机、阻铁和横闩式保险组成。与 FN Minimi 轻机枪一样，K3 轻机枪扳机底端开有一个圆孔，圆孔上可以加装冬季用扳机，以方便冬天戴手套时扣动扳机。该枪的最大优点在于净重较轻，并且可通用 K1A 卡宾枪和 K2 突击步枪子弹。表尺照门可做海拔和风偏调节，而柱状准星可做高程调整以归零。枪管上装有一个内置式提把，以便更换枪管，提把在不使用时可以上下旋转式折叠下来。2007 年，K3 轻机枪与众多名枪一同参加了菲律宾轻机枪竞标，最初菲律宾军方决定采用 FN Minimi 轻机枪。但不久菲律宾军方被亚洲武器生产商猛烈批评，说菲律宾偏袒西方枪械公司。在舆论的压力下，最终菲律宾军方向韩国购买了 2000 挺 K3 轻机枪。

No.75 丹麦麦德森轻机枪

基本参数	
口径	6.5 毫米
枪长	1143 毫米
净重	9.07 千克
有效射程	800 米
枪口初速度	870 米/秒
射速	450 发/分

★ 博物馆中的麦德森轻机枪

麦德森机枪是世界上第一种大规模生产的实用轻机枪，1905～1950年间，不少于36个国家装备过该枪。

1890年，丹麦陆军中尉让·特奥多·斯考博以马蒂尼·亨利步枪为原形设计出了一款半自动步枪，当时被人们称为骑兵半自动步枪，采用了自上而下的顶部供弹方式。1896年，这种半自动步枪被丹麦海军陆战队看中，并打算采用。之后，由麦德森上尉组建了一家步枪制造厂，专门生产和改进这种步枪，改进后的步枪更名为麦德森自动步枪。随后，世界各地的枪械设计师对该枪进行了改进，到1902年，该枪演变成了一种由弹匣供弹的轻机枪。

在战场上，军方一般会选择能大批量生产的机枪，显然麦德森轻机枪不具备量产特性，因为该枪零部件公差要求小、结构复杂，导致生产成本较高。该枪之所以在当时备受欢迎，是因为它射击精度高、性能可靠和净重轻。

★ 两脚架上的麦德森轻机枪

No. 76 西班牙 CETME 轻机枪

基本参数	
口径	5.56 毫米
枪长	970 毫米
净重	5.3 千克
有效射程	300～1000 米
枪口初速度	875 米/秒
射速	800～1200 发/分

CETME 轻机枪 3D 图

CETME 轻机枪于 1974 年起开始进行研发，并于 1981 年对外公布，自 1982 年以 MG82 的型号开始进入部队服役。虽然在外观上，CETME 轻机枪与 MG42 通用机枪相似，但是在枪机操作与结构上，CETME 与 MG42 有很大的不同：MG42 采用短反冲后坐操作滚轮式枪机，而 CETME 采用延迟反冲枪机。此外，CETME 轻机枪的提把可兼作照门座，平常不仅能够提枪移动，还可以协助更换枪管，与 FN MAG 通用机枪类似。

CETME 轻机枪与 MG3 通用机枪一样使用聚合物枪托，照门设计上有 300 米、600 米、800 米以及 1000 米的射程设计。两脚架采用弹性设计可以调整高度，并且采用快拆方式装置在枪管套前端下缘，当然也可以使用三脚架。

★ 未完全分解的 CETME 轻机枪

第4章
通用机枪

通用机枪是一种是可由单人携带、气冷设计、弹链供弹、可快速更换枪管、附有两脚架亦可装在三脚架上或车辆上的中型机枪。它既具有重机枪射程远、威力大、连续射击时间长的优势，又兼备轻机枪携带方便、使用灵活、紧随步兵实施行进间火力支援的优点，是机枪家族中的后起之秀。

No.77 美国 M60 通用机枪

基本参数	
口径	7.62 毫米
枪长	1105 毫米
净重	10.5 千克
有效射程	1100 米
枪口初速度	853 米/秒
射速	550 发/分

　　M60 通用机枪从 20 世纪 50 年代末开始在美军服役,直到现在仍是美军的主要步兵武器之一。

●研发历史

　　二战结束后,美国从战场上缴获了大量的德军枪械,使美国春田兵工厂从这些枪械中汲取了不少的设计经验。在参考 FG42 伞兵步枪和 MG42 通用机枪的部分设计之后,再结合桥梁工具与铸模公司的 T52 计划和通用汽车公司的 T161 计划,产生了全新的 T161E3 机枪(T 为美军武器试验代号)。1957 年,

安装在两脚架上的 M60 通用机枪

T161E3机枪在改进后正式命名为M60通用机枪,用以取代老旧的M1917及M1919重机枪。

●武器构造

M60通用机枪采用气冷、导气和开放式枪机设计,以及M13弹链供弹。在枪管上附加有两脚架,而且可以更换更加稳定的三脚架。

★ 戒备中的M60通用机枪

★ M60通用机枪

士兵正在使用M60通用机枪

●作战性能

M60通用机枪总体来说性能还算优秀,但也有一些设计上的缺点,例如早期型M60的机匣进弹有问题,需要托平弹链才可以正常射击。而且该枪的净重较大,不利于士兵携行,射速也相对较低,在压制敌人火力点的时候有点力不从心。

枪械爱好者手中的M60通用机枪

No.78 美国 T24 通用机枪

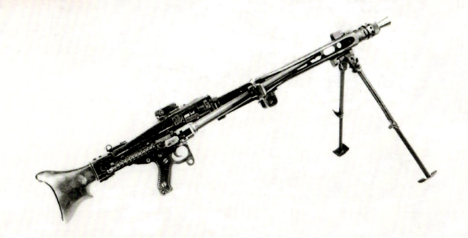

基本参数	
口径	7.62 毫米
枪长	1210 毫米
枪管长	523 毫米
有效射程	1000 米
枪口初速度	755 米/秒
射速	1200 发/分

★ 安装在三脚架上的 T24 通用机枪

　　T24 通用机枪的设计借鉴了 MG42 通用机枪，原来计划是取代勃朗宁自动步枪和 M1919A4 重机枪，但其性能并不是很可靠，所以美军并没有装备该机枪。

　　二战时期的欧洲战场上，德军 MG42 通用机枪的火力让美军一时之间手足无措。另一方面，当时在美军比较流行使用 7.62 毫米枪弹，这种枪弹威力极大，于是美军在该枪弹上做了改进。随后，美军委托萨吉诺转向机有限公司研发了一款发射这种大威力枪弹的机枪，不久 T24 通用机枪诞生了（在美国原型武器以 T 作为代号，正式服役之后才改为 M）。

　　由于该枪的设计是以子弹为基准而不是以枪原有的结构去配合威力更大的子弹，所以 T24 通用机枪在全自动射击的情况下并不好控制。在这种情况下，美军认为这种为子弹打造的机枪并不适用，不久便将这种大威力机枪计划搁置。

No.79 德国 MG3 通用机枪

基本参数

口径	7.62 毫米
枪长	1256 毫米
净重	11.5 千克
有效射程	1200 米
枪口初速度	820 米/秒
射速	1150 发/分

MG3 通用机枪于 1969 年在德军服役,由于该枪性能优良,所以直到今天,依然可以在一些国家的军队中看到它的身影。

● 研发历史

二战结束后,德国在 MG42 通用机枪的基础上研发了 MG1 通用机枪,并于 1959 年开始生产。随后,德国枪械设计师对 MG1 通用机枪进行了改良,并命名为 MG2 通用机枪。1968 年,设计师又在 MG2 通用机枪的基础上做了少许改进,并命名为 MG3 通用机枪。

加装 Feldlafette 三脚架的 MG3 通用机枪

第 4 章 通用机枪

●武器构造

MG3 通用机枪采用枪管短后坐式原理,中间零件闭锁机构。该枪的瞄准装置有地面瞄准具和高射瞄准具两种,地面瞄准具由 U 形缺口照门和准星组成,高射瞄准具则由同心环状的前照准器和位于表尺左侧的后照准器组成。

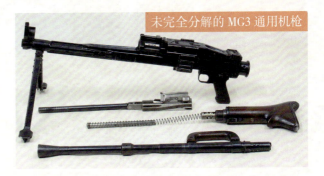
未完全分解的 MG3 通用机枪

●作战性能

MG3 通用机枪动作可靠,火力猛,在结构上广泛采用冲压件和点焊、点铆工艺,生产工艺简单,成本低。

美军士兵试射 MG3 通用机枪

德军训练基地中的 MG3 通用机枪

挪威国防军的 MG3 通用机枪

No.80 德国 MG30 通用机枪

基本参数	
口径	7.92 毫米
枪长	1172 毫米
净重	12 千克
有效射程	1000 米
枪口初速度	807.92 米/秒
射速	600～800 发/分

★ 展览中的 MG30 通用机枪

MG30 是德国莱茵金属公司于 20 世纪 30 年代研制的通用机枪。

一战结束后，战败的德国受到《凡尔赛条约》的限制，被禁止或限制发展步兵自动武器等军事装备。于是，德国莱茵金属公司便转到中立国瑞士进行武器研制工作。1930 年，枪械设计师刘易斯·斯坦格尔成功研制出 MG 系列机枪的鼻祖——MG30 通用机枪。然而德国国防军却拒绝接收 MG30 通用机枪，原因是当时德国军队仍然受到条约限制。因此，莱茵金属公司将 MG30 通用机枪的生产权授予了瑞士苏罗通公司和奥地利斯太尔公司。

此外，MG30 通用机枪的结

★ MG30 通用机枪侧面照

构简单,容易大规模生产。该枪采用弹匣供弹,性能比较可靠。MG30通用机枪开启了德国气冷式轻机枪的先河,为后来研制出MG15通用机枪、MG17航空机枪、MG34通用机枪以及大名鼎鼎的MG42通用机枪打下了坚实的技术基础。

装备德国军队的MG30通用机枪

使用MG30通用机枪的德国士兵

No.81 德国 MG34 通用机枪

基本参数	
口径	7.92 毫米
枪长	1219 毫米
净重	19.2 千克
有效射程	1000 米
枪口初速度	755 米/秒
射速	600～1000 发/分（早期型）

MG34 通用机枪是 20 世纪 30 年代德军步兵的主要机枪，也是其坦克及车辆的主要防空武器。

• 研发历史

MG34 通用机枪由海因里希·沃尔默设计，是将 MG30 弹匣供弹改为弹链供弹，加入枪管套，并综合了许多老式机枪的特点改良而来。

MG34 通用机枪在推出后立即成为德军的主要步兵武器。虽然 MG34 通用机枪的出现是为了替代 MG13 和 MG15 等老式机枪，但因为德军战线太多，直至二战结束都未能完全取代。

★ 展览厅中的 MG34 通用机枪

第 4 章 通用机枪

●武器构造

MG34 通用机枪的枪管可以快速更换，只需将机匣与枪管套间的固定锁打开，再将整个机匣旋转即可取出枪管套内的枪管。该枪的扳机设计独特，扳机护环内有一个双半圆形扳机，上半圆形为半自动模式，而下半圆形设有按压式保险的扳机则为全自动模式。

★ 带有支架的 MG34 通用机枪

●作战性能

MG34 通用机枪的发射机构具有单发和连发功能，扣压扳机上凹槽时为单发射击，扣压扳机下凹槽或用两个手指扣压扳机时为连发射击。MG34 可用弹链直接供弹，作轻机枪使用时的弹链容弹量为 50 发，作重机枪使用时用 50 发弹链，容弹量为 250 发。此外，该枪还可用 50 发弹链装入的单室弹鼓或 75 发非弹链的双室弹鼓挂于机匣左面供弹。

MG34 通用机枪射击测试

★ MG34 通用机枪侧面照

No.82 德国 MG42 通用机枪

基本参数	
口径	7.92 毫米
枪长	1220 毫米
净重	11.05 克
有效射程	1000 米
枪口初速度	755 米/秒
射速	1500 发/分

MG42 通用机枪是德国于 20 世纪 30 年代研制的机枪，是二战中最著名的机枪之一。

●研发历史

MG34 通用机枪装备德军后，因其在实战中表现出较高的可靠性，很快得到了德国军方的肯定，从此成为德国步兵的火力支柱。然而，MG34 有一个比较严重的缺点，即结构复杂，而复杂的结构直接导致制造工艺的复杂，因此不能大批量地生产。但战争中需要的是可以大量制造的机枪，按照 MG34 的生产效率，即使德国所有工厂开足马力也无法满足德军前线的需求。

MG34 通用机枪侧面特写

第4章 通用机枪

有鉴于此，德军一直要求武器研制部门对 MG34 进行改进，所以德国设计师格鲁诺夫对 MG34 进行了多项重要的改进，最终发展成了 MG42 通用机枪。

•武器构造

MG42 通用机枪采用枪管短后坐式工作原理，滚柱撑开式闭锁机构，击针式击发机构。该枪的供弹机构与 MG34 通用机枪相同，但发射机构只能连发射击，机构中设有分离器，不管扳机何时放开，均能保证阻铁完全抬起，以保护阻铁头不被咬断。

MG42 通用机枪的枪管更换装置结构特殊且更换迅速，该装置由盖环和卡笋组成，它们位于枪管套筒后侧，打开卡笋和盖环，盖环便迅速

枪械爱好者正在使用 MG42 通用机枪

地将枪管托出。该枪采用机械瞄准具，瞄准具由弧形表尺和准星组成，准星与照门均可折叠。

•作战性能

MG42 通用机枪完全可以胜任德军的战术需要，火力压制能力相当出色。该枪的射程和其他国家的机枪基本相当，但射速要快得多，一般机枪根本无法在对射中胜过 MG42 通用机枪。

MG42 通用机枪在实战中也很可靠，即使在零下 40 摄氏度的严寒中，MG42 通用机枪依然可以保持稳定的射击速度。

不仅如此，该枪优良的综合作战性能在二战中已经被证明，例如 1942 年，一群没有多少作战经验的美军士兵在北非突尼斯的一场战斗中，被 MG42 通用机枪射出的冰雹般的弹雨吓倒，这群士兵没有坚持多久便举手投降。

★ 枪械爱好者正在用 MG42 通用机枪进行射击

★ MG42 通用机枪不同角度特写

No.83 德国 MG45 通用机枪

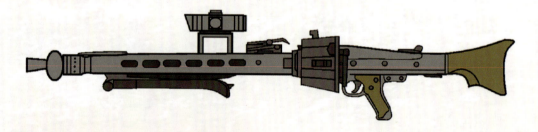

基本参数	
口径	7.92 毫米
枪长	1220 毫米
净重	9 千克
有效射程	1500 米
枪口初速度	755 米/秒
射速	1500 发/分

MG45 通用机枪是以 MG42 通用机枪为基础研制的，基本上是依照使用 7.92×57 毫米步枪子弹的武器而开发。由于二战末期德国物力不足，MG45 通用机枪仅生产了 10 挺，并没有装备于德国陆军，但其设计对战后的多款枪械都有启迪作用。

● 研发历史

1944 年，二战已经到了末期，德国败象逐渐出现，国内物力资源日渐贫乏。在这样的背景之下，大名鼎鼎的 MG42 通用机枪又出现了一款衍生型——MG42V。实际上，尽管 MG42V 是在 MG42 的基础上研制而成的，但机枪操作方式已经有了大幅的改变，基本上可以算

士兵正在使用 MG45 通用机枪

作全新的机枪，因此又被命名为 MG45 通用机枪。1944 年 6 月，MG45 通用机枪开始进行试射，一共发射了 12 万发子弹并且能成功维持每分钟 1500 发的射速。尽管该枪的性能比较优秀，但最终因为德国物力不足而只生产了 10 挺就宣告结束。

• 武器构造

MG45 通用机枪将 MG42 通用机枪的滚轴式枪机改为延迟反冲枪机,因此理论上所需要的工时与成本又进一步减少,并且净重下降到 9 千克左右。MG42 的枪管为浮动式,而 MG45 的枪管是固定的,这是它们之间最大的区别。MG45 不需要在发射前完全关闭膛室,由此增加了射速并简化了设计和结构。在外观上,由于不需要安装枪口增压器,因此较 MG42 来说,MG45 的枪管较短。

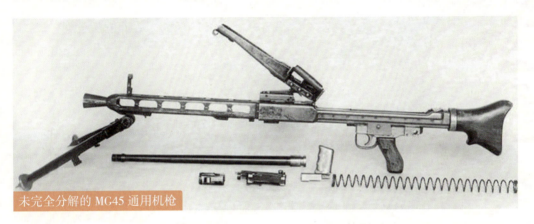

未完全分解的 MG45 通用机枪

• 作战性能

MG45 通用机枪是德军可以绝对信任的武器,在实战中它非常可靠,即使在零下 40 摄氏度的严寒中,该枪依然可以保持稳定的射击速度。此外,它还有着相当出色的压制能力,由于其射程和各国机枪基本相当,加上其高得多的射速,因此一般机枪根本无法在与 MG45 的对射中占上风。

MG45 通用机枪射击测试

No.84 德国 HK21 通用机枪

基本参数

口径	7.62 毫米
枪长	1021 毫米
净重	7.92 千克
有效射程	1200 米
枪口初速度	800 米/秒
射速	800～900 发/分

★ 带弹链的 HK21 通用机枪

舰艇上的 HK21 通用机枪及士兵

HK21 通用机枪是 HK 公司于 1961 年以 HK G3 自动步枪为基础研制的，目前它仍在亚洲、非洲和拉丁美洲多个国家的军队中服役。

HK21 通用机枪采用击发调变式滚轮延迟反冲式闭锁。枪机上有两个圆柱滚子作为传输元件，以限制驱动重型枪机框的可动闭锁楔铁。该枪的机械瞄具由带护圈的柱形准星和舰孔式照门组成。照门的风偏和高低可调，表尺分划 100～1200 米，分划间隔 100 米。另外，该枪也可配用高射瞄准镜、望远式瞄准镜或夜视仪。

该枪除配用两脚架作轻机枪使用外，还可装在三脚架上作重机枪使用。两脚架可安装在供弹机前方或枪管护筒前端两个位置，不过安装在供弹机前方时，虽可增大射界，但精度有所下降；安装在枪管护筒前端时，虽射界减小，但可提高射击精度。

第 4 章 通用机枪

No.85 苏联/俄罗斯 PK 通用机枪

基本参数

口径	7.62 毫米
枪长	1173 毫米
净重	9 千克
有效射程	1000 米
枪口初速度	825 米/秒
射速	650 发/分

1959 年，PK 通用机枪开始少量装备苏军的机械化步兵连。20 世纪 60 年代初，苏军正式用 PK 通用机枪取代了 SGM 轻机枪，之后，其他国家也相继装备 PK 系列通用机枪。

● 研发历史

20 世纪 50 年代初，苏联枪械设计师尼克金和沙科洛夫设计了一种弹链式供弹的 7.62 毫米口径机枪——尼克金 - 沙科洛夫机枪。与此同时，另外一个枪械师卡拉什尼科夫也在进行着相

PK 通用机枪侧面特写

PK 通用机枪侧面照

同的工作，他的设计是 PK 通用机枪。1961 年，苏军对他们各自的产品做了对比试验后，最终采用了表现更为可靠、生产成本较低的 PK 通用机枪。

● 武器构造

　　PK 通用机枪的原型是 AK-47 突击步枪，两者的气动系统及回转式枪机闭锁系统相似。PK 通用机枪枪机容纳部（包裹枪管等部件的上机匣）采用钢板压铸成型法制造，枪托中央也挖空，并在枪管外围刻了许多沟纹，以致 PK 通用机枪只有 9 千克。PK 通用机枪发射 7.62×54 毫米口径弹药，弹链由机匣右边进入，弹壳在左边排出。

两脚架上的 PK 通用机枪

PK 通用机枪及其弹药

● 作战性能

　　PK 系列有多种型号，可以完成不同的功能。其中 PK 通用机枪不仅可靠耐用，而且精度很高，常被指定为排支持武器。

装备俄罗斯军队的 PK 通用机枪

No.86 俄罗斯 Pecheneg 通用机枪

基本参数	
口径	7.62 毫米
枪长	1155 毫米
净重	12.7 千克
有效射程	1500 米
枪口初速度	825 米/秒
射速	650~1000 发/分

博物馆中的 Pecheneg 通用机枪

Pecheneg 通用机枪是由俄罗斯联邦工业设计局研发设计的,其设计理念借鉴了 PK 通用机枪。该枪 80% 的零件可以与 PK 通用机枪互换。

与 PK 通用机枪相比,Pecheneg 通用机枪最主要的改进有几点:第一,该枪使用了一根具有纵向散热开槽的重型枪管,从而消除了在枪管表面形成的上升热气并可以保持枪管冷却,使其射击精准度更高,可靠性更好;第二,该枪能够在机匣左侧的瞄准镜导轨上,安装各种快拆式光学瞄准镜或是夜视瞄准镜,以额外增加其射击精准度。Pecheneg 通用机枪的枪管即使持续射击 600 发子弹,也不会缩短其寿命。

目前,已有小批量 Pecheneg 通用机枪在俄罗斯特种部队和其他一小部分部队中服役。

士兵正在使用 Pecheneg 通用机枪

展览中的 Pecheneg 通用机枪

搭在两脚架上的 Pecheneg 通用机枪

No.87 俄罗斯 AEK-999 通用机枪

基本参数	
口径	7.62 毫米
枪长	1188 毫米
净重	8.7 千克
有效射程	1000 米
枪口初速度	825 米/秒
射速	650 发/分

★ AEK-999 通用机枪前侧方特写

AEK-999 通用机枪是在 20 世纪 90 年代早期开发的，由 PKM 通用机枪改进而来，并于 1999 年正式服役。为了提高耐用性，该枪大部分零件的材料采用航炮炮管用钢材。枪管有一半的长度外表有纵向加劲肋，起加速散热的作用，枪管顶部有一条长形的金属盖，作用是减少枪管散热对瞄准线产生的虚影现象。另外，枪管下增加了塑料制的下护木，便于在携行时迅速进入射击姿势。

AEK-999 通用机枪有一个非常独特的装置，那就是它的多用途枪口装置——枪口消声消焰器，这个装置具有提高精度、降低枪口噪音、削弱射手声音等特点。消除枪口焰光，可使射手在夜间射击时不会被枪口火焰影响视线。

★ 安装在两脚架上的 AEK-999 通用机枪

No.88 英国 L7 通用机枪

基本参数

口径	7.62 毫米
枪长	1232 毫米
净重	13.6 千克
有效射程	800 米
枪口初速度	838 米/秒
射速	750 发/分

★ L7A2 通用机枪的上方视角

L7 通用机枪是 FN MAG 通用机枪的改进版，英国陆军的当前版本正式给予编号为 L7A2GPMG 通用机枪。

士兵正在使用 L7A2 通用机枪进行射击

L7 通用机枪在 1957 年的试验以后被英军所采用，并取代了长期服役于英军的维克斯通用机枪和布伦轻机枪。该枪由原本的英国皇家轻武器工厂、恩菲尔德船闸工厂以及目前的曼莱尔工程公司生产。

目前 L7 通用机枪已经有两款主要衍生型，L7A1 和 L7A2，主要装备于英军步兵。

No.89 法国 AAT-52 通用机枪

基本参数	
口径	7.6 毫米
枪长	1080 毫米
净重	21.16 千克
有效射程	1200 米
枪口初速度	840 米/秒
射速	700 发/分

AAT-52 是法国二战后制造的第一种通用机枪，主要被用作机载武器。目前，虽然 AAT-52 通用机枪还在法军服役，但用于直升机上的机载武器已被 FN MAG 通用机枪取代。

● **研发历史**

越法战争时期，法国军队装备的武器，除了从英国和美国购买之外，就是一些二战时期缴获的德国武器。这导致了法国军队在战场上弹药和武器配用非常混乱，于是法军决定要装备一款新型制式通用机枪。1952 年，法国 MAS 国营兵工厂（全称为 Manufacture d'Armes de Saint-Etienne）根据军方要求设计了一款机枪，命名为 AAT-52 通用机枪（也常被称为 AA-52 通用机枪）。

AAT-52 通用机枪

●武器构造

AAT-52通用机枪内部的反冲式操作系统以杠杆作为基础,此系统主要分为两部分——闭锁杠杆和闭锁槽。发射子弹时,在高压气体的压力推动下,闭锁杠杆会自动卡入机匣内部的闭锁槽内,使得枪机主体快速向后后坐。闭锁杠杆经过旋转后,与机匣的闭锁槽自动解脱。经过一定的时间后,击针会拉动枪机机头,然后自动抽弹壳、压缩复进簧,把弹壳排出,从弹链中抽出下一发子弹并送入膛室。因此,后膛可以在没有完全闭锁的情况下射击,这是AAT-52通用机枪较为特别的地方。

AAT-52通用机枪前侧方特写

●作战性能

AAT-52通用机枪的优点是结构简单,生产方便,但缺点是重心太靠后,操作性能差,且消焰功能也不好。

战车上的AAT-52通用机枪

AAT-52通用机枪后侧方特写

No.90 比利时 M240 通用机枪

基本参数	
口径	7.62 毫米
枪长	1260 毫米
净重	25.6 千克
有效射程	800 米
枪口初速度	853 米/秒
射速	650 发/分

M240B 通用机枪正在开火

自 20 世纪 70 年代末以来，M240 通用机枪一直被美国武装部队使用，广泛地提供给步兵以及地面车辆、船舶和飞机。尽管比一些类似的武器更重，但它的可靠性受到高度重视，其在北约成员国之间的标准化是一个主要优势。M240B 和 M240G 通常由集成的双脚架、三脚架或车载支架发射；关于三脚架使用，美国陆军主要使用 M192 轻型地面安装架，而美国海军陆战队使用 M122A1 三脚架和更新的 M2 三脚架。

M240 通用机枪射击训练

No.91 比利时 FN MAG 通用机枪

基本参数	
口径	7.62 毫米
枪长	1263 毫米
净重	11.79 千克（早期型）
有效射程	600～1800 米
枪口初速度	840 米/秒
射速	600～1000 发/分

★ 展览中的 FN MAG 通用机枪

20世纪50年代，比利时FN公司的设计师欧内斯特·费尔菲设计了一款新型的通用机枪——FN MAG通用机枪（MAG即导气式机枪）。至今该枪已有近60多年的历史，由于其具有战术使用广泛、射速可调、结构坚实、机构动作可靠、适于持续射击等优点，目前仍装备于至少75个国家，其中包括英国、美国、加拿大、比利时、瑞典等，总数达15万挺以上。

FN MAG通用机枪的导气式装置和杠杆起落式闭锁机构仿照美国M1918轻机枪设计，闭锁部位有所改动，供弹机构参考了德国MG42通用机枪。该枪的主要特点是采用双程供弹方式，内外拨弹齿交替起拨弹和阻弹作用，使弹链在枪机复进和后坐过程中各移动1/2链距。

该枪机匣为长方形冲铆件，前后两端有所加强，分别容纳枪管节套活塞筒和枪托缓冲器。机匣内侧有纵向导轨，用以支撑和导引枪机和机框往复运动。闭锁支承面位于机匣底部，当闭锁完成时，闭锁杆抵在闭锁

FN MAG 通用机枪及其弹药

支承面上。机匣右侧有机柄导槽，抛壳口在机匣底部。机匣和枪管节套用断隔螺连接，枪管可以迅速更换。枪管正下方有导气孔，火药气体经由导气孔进入气体调节器。气体调节器装在导气箍中。气体调节器套筒内有一个气塞，气塞上有三个排气孔。通过气体调节器的调节，可使射速在600～1000发/分的范围内变化。FN MAG通用机枪除安装在比利时"眼镜蛇"装甲输送车上作为辅助武器外，还安装在美国AIFV步兵战车、日本88式步兵战车、以色列"梅卡瓦"2主战坦克、MY-IL装甲输送车和装甲侦察车上。

FN MAG通用机枪俯卧射击

丛林作战的FN MAG通用机枪

No.92 捷克斯洛伐克 Vz.59 通用机枪

基本参数

口径	7.62 毫米
枪长	1215 毫米
净重	19.3 千克
有效射程	1000 ~ 1500 米
枪口初速度	760 ~ 900 米 / 秒
射速	700 ~ 800 发 / 分

草坪上的 Vz.59 通用机枪

枪械爱好者正在使用 Vz.59 通用机枪

Vz.59 通用机枪诞生于 20 世纪 50 年代末期,并在 60 年代取代了 Vz.52 通用机枪。同 Vz.52 通用机枪相比,该枪简化了操作,性能也较好。

Vz.59 通用机枪采用导气式设计、开放式枪机,而其枪机容纳部下方的握柄具有枪机拉柄的功能,只要移动此握柄,便可让枪机上膛。该枪枪管定位方式较好,便于消除枪管与机匣间的间隙松动,因此射击时枪管振动不大。该枪可配装轻型枪管和两脚架作班用机枪,也可配装重型枪管和两脚架作连用机枪。

No.93 南非 SS77 通用机枪

基本参数	
口径	7.62 毫米
枪长	1155 毫米
净重	9.6 千克
有效射程	800 米
枪口初速度	840 米/秒
射速	600～900 发/分

展览中的 SS77 通用机枪

　　SS77 通用机枪由南非利特尔顿工程公司于 1977 年研制，根据苏联的 PKM 通用机枪改进而来，于 1986 年装备南非国防军。虽然该枪的知名度不如同时代的其他机枪，但大部分轻武器专家认为它是最好的通用机枪之一。

　　SS77 通用机枪结构简单，活动部件数量不多，只有活塞、枪机框、枪机和复进簧。供弹装置位于机匣盖里面，采用常规双程供弹方式。它的扳机设计有旋钮式手动保险，位于手指可及处，即使是在伸手不见五指的黑夜，也可方便地检查武器的保险情况。在该枪的右侧，装填拉柄和活动机件是分开的，其上裹有尼龙衬套。枪管结构和比利时的 FN MAG 通用机枪相似，气体调节器安装在导气箍上。此外，枪管后半部外部有纵槽，既可减轻枪管净重，又可增加枪管的散热面积。

南非国防军士兵使用 SS77 通用机枪

No.94 波兰 UKM-2000 通用机枪

基本参数	
口径	7.62 毫米
枪长	1203 毫米
净重	8.4 千克
有效射程	850 米
枪口初速度	840 米/秒
射速	600～700 发/分

★ 展览中的 UKM-2000 通用机枪

1999 年，波兰加入了北约，因此军队需要使用北约制式弹药，于是便把苏联的 PKM 通用机枪改造成了可以发射北约制式弹药的 UKM-2000 通用机枪。

波兰在 UKM-2000 通用机枪的基础上，又推出了它的现代化改进版 UKM-2013 通用机枪，于 2012 年 9 月在波兰 MSPO 国际防务展首次公开。和 UKM-2000 通用机枪相比，UKM-2013 通用机枪内部变化不大，主要是外观上的改变，其实就是换上新的折叠和伸缩枪托，在前托整合皮卡汀尼导轨。除标准枪管外，UKM-2013 通用机枪还增加了一种 440 毫米长的短枪管作为可选配件，此外，将钢制弹链箱改为软质弹链袋。

★ 士兵正在使用 UKM-2000 通用机枪

No. 95 韩国大宇 K12 通用机枪

基本参数	
口径	7.62 毫米
枪长	1234 毫米
净重	12 千克
有效射程	800 米
枪口初速度	840 米/秒
射速	600 ~ 700 发/分

★ 韩国士兵正在使用大宇 K12 通用机枪

　　K12 通用机枪是由韩国大宇集团设计和生产的通用机枪，用以取代韩国军队装备的旧型 M60 通用机枪，发射 7.62×51 毫米北约口径步枪子弹。

　　2010 年 7 月，大宇集团开始以 XK12 的名义进行机枪的研发。在开始时，原型枪架设于 KUH-1 直升机原型机上并且进行测试，已经发射了 30 万发子弹都没有出现任何严重问题。2012 年，XK12 获采用后被命名为 K12 通用机枪，并且用作韩国通用直升机的制式装备。目前 K12 仅用于计划中的 300 架直升机上，但有可能会扩大其使用范围。

　　K12 通用机枪还装有一个可折叠式网状防空瞄准具，能够在直升机上射击；同时还装上了可折叠的立框式表尺型瞄准具，以进行更精确的瞄准射击。瞄准具装设在机匣盖顶部的 MIL-STD-1913 战术导轨上，而导轨亦安装在供弹机盖和护木的两侧。目前 K12 机枪还没有可选用的激光瞄准器或是光学瞄准镜，但预计在不久的将来会配备某型光电附件。

第 5 章
航空机枪

航空机枪是装备在飞行器上的小口径自动武器，杀伤力较小，多装备在轻型飞机或直升机上。航空机枪在一战期间开始安装在各类军用飞机上，担任攻击或者是自我防御的角色。到二战爆发前，航空机枪的使用更加普遍，同时飞机上安装的机枪数量也比过去更多。

No.96 德国 MG15 航空机枪

基本参数	
口径	7.92 毫米
枪长	1067 毫米
净重	12.4 千克
有效射程	1000 米
枪口初速度	755 米/秒
射速	1000 发/分

加有消音器的 MG15 航空机枪

  MG15 航空机枪是德国莱茵金属公司在 MG30 轻机枪的基础上研制的，二战中曾临时装上枪托和脚架作地面武器使用。

  MG15 航空机枪采用枪管短后坐式工作原理，供弹机构为马鞍形弹鼓。击发机构为击针式，利用复进簧能量击发。发射机构为连发发射机构，由阻铁直接控制枪机成待发状态。退壳机构为弹性拉壳钩与摆动式刚性退壳挺。枪管缓冲器为矩形断面螺旋弹簧。该枪外表光滑，整个枪身近似长圆筒形。MG15 航空机枪设有手枪式握把，采用机枪中部的两个水平对称耳轴与一个轻型两脚架连接，作地面武器使用。

  二战前期，MG15 航空机枪是德国空军大多数战机的主要武器之一。到了二战中后期，由于各国飞机的防护性能提升，该枪的威力已经不能满足空战需要，因此许多 MG15 航空机枪从飞机上拆下来，经改造后装备德国陆军部队，改造后的 MG15 航空机枪增设了两脚架、提把和枪托，使用飞机上原用的马鞍形弹鼓供弹。作战前，士兵必须事先准备许多装满弹药的弹鼓。

No.97 德国 MG17 航空机枪

基本参数	
口径	7.92 毫米
枪长	1175 毫米
净重	10.2 千克
有效射程	1200 米
枪口初速度	855 米/秒
射速	1200 发/分

★ MG17 航空机枪侧面特写

　　MG17 航空机枪是二战中德国空军固定在飞机上使用的一种航空机枪，由莱茵金属公司制造。该枪曾被安装在 Bf 109、Bf 110、Fw 190、Ju 87、Ju 88C、He 111、Do 17/215、Fw 189 等作战飞机上。到了战争后期，MG17 航空机枪开始被更大口径的机枪和机炮代替，到了 1945 年，几乎没有飞机再使用这种机枪了。此外，部分 MG17 航空机枪还被改装为步兵使用的重型武器。截止到 1944 年 1 月 1 日，德国官方公布的生产数量为 24271 挺。

★ MG17 航空机枪后侧方特写

★ MG17 航空机枪子弹仓特写

No.98 德国 MG81 航空机枪

基本参数	
口径	7.92 毫米
枪长	965 毫米
净重	6.5 千克
有效射程	1200 米
枪口初速度	790 米/秒
射速	1400～1600 发/分

展览中的 MG81 航空机枪

　　MG81 航空机枪是在二战期间服役于德国空军军机上的机枪，采用该枪的原因主要是为了取代老式的 MG15 航空机枪。它于 1942 年开始量产。将两挺 MG81 航空机枪合二为一，就组装成了 MG81Z 航空机枪。

　　MG81Z 航空机枪主要是被德国空军安装于特殊的目标上。以 Do 217 轰炸机为例，MG81Z 航空机枪主要安装在机尾圆锥体区域，可以让 Do 217 轰炸机的机组成员发现有尾随敌机时瞬间洒出大量火力。另外，Ju 88 轰炸机上安装了 3 挺 MG81Z 航空机枪用于扫射地面目标。

★ MG81 航空机枪前侧方特写

★ 三脚架上的 MG81 航空机枪

No.99 苏联施卡斯航空机枪

基本参数	
口径	7.62 毫米
枪长	935 毫米
净重	10.5 千克
有效射程	1500 米
枪口初速度	825 米/秒
射速	1800～3000 发/分

施卡斯航空机枪是一种划时代的武器，它是苏联研制的第一种高速航空机枪，与其他同类机枪比较，它具有鲜明的特点和独特的优势。

在射击速度和射击精准度方面，该枪超越了同时代其他机枪。但它有一个非常大的弊病，就是枪管的寿命太短，只能发射 1200～2000 发子弹。为了解决这一问题，1933 年，设计师们对该枪进行了大刀阔斧式的改动，最终使得枪管的寿命达到了 5000 发，复进簧寿命从 2500～2800 发提高到了 14000 发，并且消减了不少零件。1934 年，该枪的改型已经完全成熟。成熟后的施卡斯机枪受到了苏联空军的追捧。1936 年，苏联已把它作为空军主战武器之一。

施卡斯航空机枪有两个版本，区别就在于有没有同步装置。同步装置的结构很简单，安装在导气管前部，其伸出部分落在活塞后端的刻槽内，即活塞杆接触枪机框前部的位置，这样就可以顶住枪机框，防止其前移。

★ 施卡斯机枪后侧方特写

No.100 苏联 UB 航空机枪

基本参数	
口径	12.7 毫米
枪长	1350 米
净重	21.5 千克
有效射程	1000 米
枪口初速度	814～850 米/秒
射速	700～800 发/分

UB 航空机枪是苏联二战时期广泛使用的一种航空机枪。1937 年，米哈伊尔·叶夫根耶维奇·别列津开始设计一款发射步兵机枪所配用的 12.7 毫米子弹的新型大口径航空机枪。1938 年，新设计的航空机枪通过了原厂试验，并于 1939 年命名为 BS。其射速之高使得它非常适合用作军用战机的防卫武器。虽然设计是成功的，但 BS 航空机枪也并非毫无缺陷，其最大的缺失在于需要物理强度相当大的电缆操作充电。其他缺陷还有供弹系统不完善与某些自动化部件的寿命不足。除此之外，该枪发射 12.7×108 毫米子弹。其弹药借由可散式弹链以独特的供弹系统一边维持供弹，一边协助抽出击发过后的弹壳。另一个不寻常的特征是，弹链链钩会在机枪复进的运动过程期间被抛出，而并非在后坐过程中。

UB 航空机枪的改进型分为三个版本：UBK、UBS 和 UBT，其中 UBS 和 UBK 是由压缩空气充电。1941 年 4 月 22 日，在苏德战争开始前两个月，UB 已开始服役。

★ UBT 航空机枪

★ UB 航空机枪

参考文献

[1] 军情视点. 经典枪械鉴赏指南 [M]. 北京：化学工业出版社，2017.

[2] [英] 理查德·约翰斯，[英] 安德鲁·怀特. 简氏枪械鉴赏指南 [M]. 张劼译. 北京：人民邮电出版社，2009.

[3] 黎贯宇. 世界名枪全鉴 [M]. 北京：机械工业出版社，2013.

[4] [日] 床井雅美. 现代军用枪械百科图典 [M]. 宁凡译. 北京：人民邮电出版社，2012.